测绘行业职业教育工学结合一体化规划教材

地 籍 测 绘

侯方国　王建设　李宏超　张萍丽　陈余才　编著

黄 河 水 利 出 版 社
·郑 州·

内容提要

本书是根据测绘企业的生产实际情况并结合国家职业标准地籍测量员岗位技能要求编写而成的。全书共分八个项目，主要内容包括：地籍测绘基础理论知识准备、土地权属调查、土地利用现状分类调查、地籍控制测量、地籍要素测量、地籍图测绘、面积量算、地籍变更调查与测量、地籍数据建库及项目拓展知识、土地变更调查和附录。

本书为测绘类专业的核心课程教材，也可作为工程类相关专业及房地产管理、国土资源管理等专业的选修教材。

图书在版编目(CIP)数据

地籍测绘/侯方国等编著. —郑州：黄河水利出版社，2015.8 (2022.9 重印)

ISBN 978-7-5509-1104-8

Ⅰ. ①地… Ⅱ. ①侯… Ⅲ. ①地籍测量 Ⅳ. ①P271

中国版本图书馆 CIP 数据核字(2015)第 084298 号

策划编辑：陶金志　电话：0371-66025273　E-mail：838739632@qq.com

出 版 社：黄河水利出版社　网址：www.yrcp.com

地址：河南省郑州市顺河路黄委会综合楼 14 层　邮政编码：450003

发行单位：黄河水利出版社

发行部电话：0371-66026940、66020550、66028024、66022620(传真)

E-mail：hhslcbs@126.com

承印单位：河南承创印务有限公司

开本：787 mm×1 092 mm　1/16

印张：14

字数：340 千字

版次：2015 年 8 月第 1 版　印次：2022 年 9 月第 2 次印刷

定价：42.00 元

前　言

本书是根据国家示范校建设方案以及测绘企事业单位的生产情况，采用基于工作过程的项目引领、任务驱动的模式，由学校骨干教师与黄河勘测规划设计有限公司的行业专家组成的教材开发团队完成编写的，可作为中等职业学校测绘类专业核心课程教材，也可供相关专业的社会学习者参考。

本书在编写过程中打破传统的学科体系教材编写方式，以任务驱动模式编写，坚持任务引领，以地籍测绘业务流程为主线，采取模拟情景导入的方式，将枯燥的理论知识与项目活动相结合，力求将理论知识融入实际操作中，实现"做中学，学中做"的职业教育特色，力求学做合一，理实一体，可以使学生掌握地籍测绘的基础理论知识及基本技能；培养学生分析问题和解决问题的能力，形成良好的学习方法，具备优良的职业素养，为今后解决实际生产问题及职业生涯的发展奠定基础。

本书依据国家职业标准地籍测量员岗位技能要求共编写了 8 个项目，包括：地籍测绘基础理论知识准备、土地权属调查、土地利用现状分类调查、地籍控制测量、地籍要素测量、地籍图测绘、面积量算、地籍变更调查与测量、地籍数据建库及项目拓展知识、土地变更调查和附录。

本书由侯方国担任主编并负责全书统稿，参加本书编写的有侯方国（项目一、地籍测绘基础理论知识准备）、王建设（项目七、项目八）、李宏超（项目三、四、五）、张萍丽（项目二、项目六）、陈余才（项目中拓展知识部分）。

本书作为校企合作开发的教材，得到了黄河勘测规划设计有限公司的大力支持（提供大量案例及调研支持并参与教材开发论证），全书由华北水利水电大学杨晓明教授担任主审。在这里对审稿专家及文献资料原作者表示诚挚的谢意！本书在编写过程中，得到郑州测绘学校及地形地籍测量教学部老师们的大力支持，在此一并致以诚挚的谢意！

由于作者水平有限，书中不足之处恳请读者指正。

编　者

2015 年 2 月

目　录

地籍测绘基础理论知识准备

一、土地的概念

土地是人类生存、生活的物质基础,在我们的身边司空见惯,与我们的生活密不可分,如何理解、解释、描述土地的概念呢? 不同的历史时期,不同的行业,有不同的理解。

随着科学技术的进步,人类利用自然的能力加强,对土地的认识也不断深化。在农业社会里,人们主要利用地球表层的可更新资源,因而将土壤看作土地。在工业社会里,人们扩大了土地的利用范围,除农用地外,其他土地利用类型如交通用地、工业用地等比重加大,土地的含义就扩大为地球表面的陆地。随着人口—资源—环境的矛盾日益尖锐,人们在开发陆地资源的同时,也发展水产养殖、航运等,土地范畴又扩大到地球表面陆地和内陆水域(马克思在《资本论》中指出土地在经济学上也包括水,只要水流等有一个所有者,是土地的附属物,我们也把它作为土地来理解)。目前,世界上很多国家掀起海洋开发热潮,包括海洋动植物资源、矿产资源及海洋空间资源,一些专家认为,土地的含义应扩大为地球表面陆地和海洋。

从土地管理的角度分析,土地是指地球陆地表层,包括内陆水域、沿海滩涂和岛屿。从纵向空间上,土地是地球表面由地貌、土壤、植被、水文、岩石、大气等要素组成的自然 · 经济综合体,也包括过去和现在人类活动的结果。

二、土地特性

土地的特性包括自然特性和经济特性。土地的自然特性是不以人的意志为转移的自然属性;土地的经济特性是人们在利用土地的过程中,在生产力和生产关系方面表现出的特性。

(一)自然特性

(1)土地面积的有限性。列宁指出:土地有限是一个普遍现象。土地是自然的产物,人类不能创造土地。通过人类的活动,可以改变地球形态,如炸山填海、围湖造田等,仅仅是改变了用途,土地总面积不变。

(2)土地位置的固定性。土地位置是固定的,不能移动。这一特性就决定了土地的用途和适用性随土地位置的不同有较大的变化,这就要求人们必须因地制宜使用土地。

(3)土地质量的差异性。不同地域,其地理位置和自然、社会经济条件的差异,决定了土地质量的差异。

(4)土地永续利用的相对性。土地是一种非消耗性资源,它不会随着人们的利用而消失,在土地利用中,只有维持土地生态系统,注意保护它,才能实现永续利用。

(二)经济特性

(1)土地资源的稀缺性。首先,土地面积是有限的,其次,供人类所使用的各种不同用途的土地资源也是有限的,不能完全满足人类的用地需求,从而造成土地的升值,地价昂贵,也迫使人们必须节约、集约利用土地。

(2)土地用途的多样性。土地具有多种用途,既可作为工业用地,也可作为商业用地、住宅用地等,在这多种用途中,要求人们在利用土地时,必须考虑最佳、最有效的利用原则,满足其最大的社会效益、生态效益、经济效益。

(3)土地用途变更的困难性。土地利用是不可逆转的,当农用地变为建设用地时,较为容易,但是当建设用地转为农用地时却非常困难,这就要求我们确定土地用途时,要科学规划,充分论证,合理决策。

(4)土地报酬递增递减性。一般情况下,土地报酬随土地的投入递增,但当达到一定限度时,土地上投入增加,土地报酬反而减少。这就要求我们必须寻找合适的投资度,适当的投资结构,防止出现土地报酬递减的现象。

(5)土地利用的社会性。人类在土地利用的过程中,反映出人与人的社会生产关系,土地的利用要受到社会、他人的制约,要符合土地利用总体规划、城市规划的要求。

三、我国土地资源现状

我国土地资源范围:北至漠河以北的黑龙江江心;南至南沙群岛的曾母暗沙;东至黑龙江与乌苏里江的汇合处;西至帕米尔高原。

我国土地资源具有以下特点:

(1)土地资源绝对数量大,相对数量小。我国土地总面积居世界第三位,但人均为10.3亩(1亩$=1/15\ hm^2$,下同),相当于世界平均水平的30%,而耕地、林地、草地的人均占有量分别为1.35亩、2.7亩、2.4亩,分别为世界平均数的1/2、1/3、1/2。

(2)后备土地资源不足。我国现有未利用土地总面积为270万km^2,其中难以利用的沙漠、戈壁、永久积雪、冰川及裸岩、石砾等地占73%,宜作为耕地开垦的仅为2亿亩,远远不能满足需要。

(3)山地丘陵多、平地少。

(4)资源分布不均衡。

(5)土地质量较差。在现有的耕地中,1/3为低产田,1/3为中产田,1/3为高产田。根据卫星测算结果,我国水土流失面积已达150万km^2,且仍在扩大。目前,我国有1/3的草场处于退化中,沙漠化土地有17万km^2,盐碱地有5亿亩,此外,还有大量的"三废"污染地。

(6)森林覆盖率低。我国森林覆盖率为21.6%,世界上覆盖率最高的苏里南为95%,日本为68%,瑞典为69%,世界平均为24%。无论是森林覆盖率,还是人均林地面积,我国都低于世界平均水平。

四、土地管理

(一)土地管理概念

土地管理是国家在一定的环境条件下,综合运用行政、经济、法律、技术等方法,为提高土地利用的生态效益、经济效益、社会效益,维护在社会中占统治地位的土地所有制,调整土地关系,监督土地利用,而进行的计划、组织、控制等综合性活动。这一概念包括以下六个方面的内容：

（1）土地管理的主体是国家。国家委派国务院土地行政主管部门管理全国土地。

（2）土地管理的客体是土地，以及土地利用中产生的人与人、人与地、地与地之间的关系。

（3）土地管理的基本任务是维护在社会中占统治地位的土地所有制、调整土地关系和监督土地利用，目标是不断提高土地利用的生态效益、经济效益和社会效益，以满足社会日益增长的需求。

（4）综合运用行政、经济、法律、技术等方法管理土地。

（5）管理的职能是计划、组织与控制。计划是一种预测未来、设定目标、决定政策、选择方案的连续过程。组织是指建立组织机构，确定职位、职责和职权，建立各级人员的相互关系，对部署行动领导与监督，建立纵向、横向间良好关系，协同彼此间步调，统合共同的力量，使之为实现既定目标而努力。控制是指通过修正执行状况与原定计划间的偏差，以保证达到预期目标的管理活动。

（6）土地管理的目的和特点受社会环境的制约，主要受社会制度、土地制度的制约。例如，我国是社会主义国家，在土地制度上实行社会主义土地公有制，这就决定了我国的土地管理除要最大限度地提高土地利用综合效益外，还要维护社会主义土地公有制，从而为有计划地、合理地利用土地提供保证。

（二）土地管理的任务

1. 土地管理的基本任务

我国土地管理的基本任务是维护社会主义土地公有制及土地所有者和使用者的合法权益，保护、开发、合理利用土地，切实保护耕地，促进社会主义经济的可持续发展。

2. 土地管理的现阶段任务

现阶段，土地管理的基本任务是：

（1）加强耕地保护，实现耕地总量的动态平衡，贯彻“十分珍惜、合理利用土地和切实保护耕地”的基本国策，制定和执行世界上最严格的耕地保护措施。从严控制城乡建设用地，在保护生态环境的前提下加强耕地开发和复垦，积极推行土地整理，努力提高土地利用效率，确保规划期内耕地总量的动态平衡。

（2）加强土地资源的调查评价和科学规划，开展新一轮的国土资源大调查，开展经常性的土地利用变更调查和监测，每2年进行一次城镇基准地价的更新与平衡，2005年前完成全国农用土地分等定级工作，2015年底前完成集体土地确权项目，做好《全国土地利用总体规划纲要》，省级、地（市）、县、乡土地利用总体规划的修编和审批工作。

（3）加强土地资源信息系统建设，实现信息服务社会化，建立土地资源信息中心，形成全国土地资源信息网络，做到信息共享，利用现代科技和管理手段建立土地资源动态监测系统，为政府决策提供科学依据，为社会提供信息服务。

（4）深化改革，建立适应社会主义市场经济的管理新体制、新机制，按照政企分开的原则，建立起高效精干的国土资源行政管理机构，强化国土资源管理的国家职能，强化国土资源集中统一管理体制和统筹计划。建立和完善在国家宏观调控下市场配置土地资源的机制，形成土地使用权有偿使用和流转制度，促进土地资源的合理配置和有效使用。

（5）健全法制，依法行政，实现土地管理程序的根本好转。加强土地资源法制建设，形成完备的法制体系，做到有法可依，建立和完善土地资源执法体系，组建强有力的执法队伍。坚持严格执法行政，加大执法监察力度，严肃查处土地方面的违法案件，保护土地资源。

（三）土地管理的内容体系

土地管理的基本内容由地籍管理、土地权属管理、土地利用管理、土地综合管理四大部分构成。

1.地籍管理

地籍管理包括土地调查和土地动态监测，土地资源评价，土地登记，土地统计，地籍信息资料的管理、应用、维护、更新等内容。

2.土地权属管理

土地权属管理包括土地所有权、使用权及他项权利的审核和依法确认，土地权属变更管理，土地权属纠纷的调处，依法查处有关侵犯土地所有权、使用权及他项权利方面的违法案件等内容。

3.土地利用管理

土地利用管理包括编制和实施全国、省、地（市）、县、乡土地利用总体规划和专项规划，制订土地供给计划，对土地利用，特别是耕地保护，以及土地开发、整理、复垦等进行监督和控制。

4.土地综合管理

土地综合管理包括对土地市场供需、土地交易、土地价格、土地市场化配置等进行的土地市场管理、土地税费管理、土地信息化管理和其他管理。

上述四部分内容是相互联系、相互依赖的，它们共同构成完整的土地管理内容体系。从上述四大内容在土地管理系统中的作用来看，地籍管理是基础，土地权属管理、土地综合管理是手段，土地利用管理是核心。因为土地管理的总目标是取得尽可能大的生态效益、经济效益和社会效益，实现土地资源的持续利用，这主要是通过合理利用土地来实现的，而土地权属管理、土地市场管理的任务在于正确地调整土地关系，调整土地权属单位合理用地的积极性，并通过市场机制合理配置土地资源，为实现土地管理的总目标服务。

（四）土地管理的理论基础

土地资源管理的理论基础由四大学科支撑，分别为管理学、经济学、法学、生态学。管理学是研究人类管理活动规律及其应用的科学，为社会公共管理提供理论平台，其中人本原理、系统原理、动态原理、效益原理为土地管理提供了思想源泉。从经济学中分离出来的土地经济学解决了土地资源配置与利用问题。土地法学研究土地利用中的各种法律关系，促进土地管理的规范性，合法维护产权利益。土地生态学研究土地的内在规律，为土地资源可持续利用提供理论基础。

（五）土地管理的技术基础

土地管理的技术基础赖以测绘技术、计算机技术、信息技术。土地管理基础信息（定位、定量、定性等）的获取随着“3S”技术的进步，更加便捷、准确、可靠。计算机是土地管理工作的基本工具，随着国家大力提倡信息化建设，无纸化办公系统、局域网络建设促进了土地管理工作的系统化、规范化。信息技术对海量的土地信息来说是必不可少的系统平台，完成对土地信息的数据编辑、数据加工、空间分析，为规划、政府决策、社会管理等方面提供其强大的信息支持。

五、地籍概述

(一)地籍的概念

地籍:地,即土地;籍,是簿册、清册、登记册。地籍就其狭义的含义来讲,是指土地的登记册,但从广义来讲,是指不动产,即土地及其附着物的登记册。

地籍一词,最初来自拉丁文“Caput”课税对象和“Capita strum”课税对象的登记或清册。所以,传统地籍的含义是课税对象登记清册。表示清册(簿)或不动产征税调查资料的登记清册(簿),或表示有关土地课税对象的注册登记。在我国历史上,也早就出现了以土地为对象的征税簿册,在《辞海》(1979 年版)中,把地籍称为“中国历代政府登记土地作为征收田赋根据的册簿”,即为征收土地税而建立的土地登记册。随着历史的发展和科学的进步,地籍的概念亦有了很大的发展。现在,地籍已不仅指课税对象的登记清册,而且包括了不动产产权的登记和土地的分类面积、统计等内容。因此,地籍的含义主要是指有关不动产的自然状况、社会经济状况和法律状况的调查、记录、产权登记等。这里所说的记录,已不仅限于簿册,还包括有关的文件、数据和图件。

综上所述,现代地籍的概念,是指由国家监管的,以土地权属为核心,以地块为基础的土地及其附着物的权属、位置、数量、质量和利用现状等土地基本信息的集合,以数据、簿册、图件表示。

由地籍的概念不难看出,其包含以下含义:

(1)地籍是由国家建立和管理的。地籍自出现至今,都是作为国家上层建筑存在,为解决土地税收或保护土地产权等而建立的。在我国,历次地籍的建立都是由朝廷或政府下令进行的,其目的都是维护统治阶级的利益,保证土地税收、保护土地产权等,以强化土地的可持续利用。

(2)土地权属是地籍的核心。地籍是对土地诸要素的综合表述,而其中是以土地权属为核心的信息表达,针对每一块土地及附着物建立地籍档案。

(3)以地块为基础建立地籍。“地块”是地籍信息的载体。一个区域的土地根据占有、使用等情况分割成界线明确、位置固定的单元,以此为基础,准确地描述每一地块单元的自然属性和社会经济属性。

(4)地籍的对象是土地及其附着物。早期的地籍只着重于土地信息的描述,随着社会和经济的发展,土地及其附着物已形成紧密相关、不可分离的人类赖以生存和生活的物质基础,也已成为当前城市规划、市政建设、房地产管理、税收、环保等方面的重要信息来源。

(5)地籍是土地基本信息的集合。地籍为发挥其作用,应覆盖全部国土范围,详细记载每块土地及其附着物的基本情况,包括权属、数量、位置、质量、利用状况等基本信息。地籍信息的表达由图、数、表等形式表示,对每一块地,这三种信息的表示,可通过特殊的标识符(关键字)进行有机连接,这个标识符就是地块号(宗地号)。

(6)地籍的成果包含地籍图集、地籍数据集、地籍簿册三种类型。地籍图集包含地籍图、宗地图、土地利用现状调查图、宗地草图等;地籍数据集包含外业测量数据及内业计算、统计数据等;地籍簿册包含大量记录土地及其附着物属性信息的表册。

★探究：

1. 土地与地籍的关系。

2. 房地产与地籍的关系。

(二)地籍的功能

地籍根据每个国家社会经济发展的需要和科技水平的不同，有其不同的功能要求。在西方发达国家，地籍可给政府、组织和个人提供规划和管理方面的信息需求，目前可为社会上40多个行业、部门提供地籍信息服务。我国的地籍也已广泛应用于土地税收、产权保护、房地产管理、市政建设、规划、旅游、环保等方面。综合起来，主要有以下几个方面的功能。

1. 地理性功能

由于应用了现代测量技术，在统一的坐标系内，地籍所包含的地籍图形和相关的几何数据，精确表达了其空间位置和相对位置关系。地籍所具备的提供空间位置关系的能力称为地理性功能。这种功能是实现地籍多用途的基础。

2. 经济功能

地籍最初的目的就是用于土地税收。利用地籍提供的基本信息，为社会经济活动(诸如出让、转让、税收等)提供准确、可靠的基础资料。

3. 产权保护功能

地籍是国家建立和管理的，其行为具有法律和行政效力，所形成的地籍信息具有法律性、精确性、现势性等特征，可为权益各方提供法律依据，避免产权纠纷。

4. 土地利用管理功能

利用地籍提供的基本信息，为土地利用规划、管理提供基础资料，使规划和现状结合起来，避免盲目和不切实际，降低成本。

5. 决策功能

现代地籍提供了多用途、多要素、多尺度、多时态的地籍信息，这些信息是编制国民经济计划的基本依据，也是政府各部门制定政策、组织工农业生产的依据。

6. 社会管理功能

由于地籍信息的广泛性、实时性，可为政府部门社会管理提供基础资料，加强服务的有效性和针对性。

(三)地籍的类型

地籍工作类型，是按照它的不同阶段、对象、目的、技术和内容来划分的。

按地籍工作的目的和发展阶段，可分为税收地籍、产权地籍和多用途地籍。

(1)税收地籍是各国早期实行的以税收为目的而出现的一种地籍形式，其主要内容是丈量土地和进行土地评价。一般以征税单元为单位丈量各产业主的地块面积并按其土壤质量及产量(收入)评定土地等级，依土地的面积和等级来征税。

(2)随着资本主义经济的发展，土地交易日益频繁，促使地籍向产权地籍发展，产权地籍亦称为法律地籍，是资本主义国家为维护土地私有权，便于土地交易和保护土地买卖双方的权益而实行的措施。产权地籍要求每宗地的界线和界址点位置要清楚，面积的丈量和计算要精确，土地的等级要准确。

(3)多用途地籍，即现代地籍，是税收地籍和产权地籍的进一步发展。它不仅收集不动产信息，而且收集与其有关的其他信息。其目的不仅是为税收和产权管理服务，还为经济建设中其他行业服务，如为国土规划与整治、交通建设、水域规划与治理、环境保护、城镇规划、旅游景点及统计等提供最基础的信息。多用途地籍要求地产边界要进行实地标定，即应埋设界址点；地籍控制测量应联测到国家控制网上；对建筑物角点和界址点的坐标的测绘要达到厘米级的精度；面积量算以界址点的解析坐标和野外实量边长为准来计算；地籍图按整幅图制作，并有统一的编号规定；地籍测绘过程中的控制测绘成果、外业手簿、面积计算、地产评价、坐标成果等资料应与地籍图和地籍册一样保存好，都属于多用途地籍的一部分；所有地籍资料应以适当方式记录到数据载体上。目前，我国的地籍是不动产多用途地籍系统。

按地籍工作的任务和时间分为初始地籍和经常地籍。

(1)初始地籍是指对所辖土地进行首次全面的测绘、调查、定等、登记、统计后，而建立的地籍工作系统。

(2)经常地籍亦称为日常地籍，或地籍变更。经常地籍是在初始地籍的基础上，根据不动产的数量、质量、地类和产权的变化情况，及时进行变更调查、变更登记、变更统计和重新评定土地等级等项工作。通过对初始地籍资料的修正、更新和补充，及时掌握不动产的动态变化情况和保持地籍资料的现势性。初始地籍是基础，日常地籍是对初始地籍的补充、修正和更新。如果只有初始地籍而没有日常地籍，地籍将逐步陈旧，变为历史资料，缺乏现势性，失去使用价值；相反，没有初始地籍，日常地籍就没有依据和基础。

六、地籍测绘

(一)地籍测绘的概念

现代地籍是一个由政府监管的以地块为基础的土地信息系统，因此地籍测绘工作实际上是一种政府行为，属官方测绘，它既不同于基础测绘，更不是专业测绘。地籍测绘活动涉及国土的每一寸土地，是采用测绘技术按照法定程序进行的一种法律行为，其成果具有法律效力，而一般的基础测绘成果则不具法律效力。专业测绘是某一部门为满足某项专业需要而进行的测绘工作。它不一定是政府行为，多数是一项企业行为，其成果仅为本专业服务，与其他经济部门没有直接关系，也不由政府直接管理。在《中华人民共和国测绘法》中，将地籍测绘单独列为一类，并规定：国务院测绘行政管理部门会同国土资源管理部门和国务院其他部门编制地籍测绘规划，并由国务院测绘行政主管部门按规划组织协调地籍测绘工作。因此，地籍测绘的定义为：地籍测绘是为获取和表述地籍信息所进行的测绘工作。其基本内容是测定和调查土地及其附着物的权属、位置、数量、质量和利用现状等基本情况。为了满足多用途地籍的要求，还要测定和调查房产情况及有关的地形要素（如管线、围墙、境界、道路、水系、地类界线及地理名称等）。地籍测绘的技术特点，除按国家标准测绘大比例尺地籍图外，还必须进行地籍测绘外业调查（简称地籍调查），以获得有关不动产的地理、经济和法律诸方面的信息，最后将地籍测绘和调查的结果测制成地籍图和地籍簿册。

(二)地籍测绘的内容

地籍测绘有完整成熟的测绘原则、方法及内容，具体如下：

(1)进行地籍调查，获取土地及其附着物的自然属性及社会经济属性。

(2)进行地籍控制测量，测量地籍基本控制点和地籍控制点。

(3)进行地籍要素测量，测定境界、土地权属界线等要素的空间位置。

(4)地籍图测绘，测制符合要求的地籍图、宗地图、房产图等图件。

(5)面积测算,测算各类土地面积,并进行汇总和统计。

(6)进行地籍动态监测,及时对原地籍成果进行变更测量,包括地籍图的修测、重测和地籍簿册的修编,以保证地籍成果的现势性与正确性。

(7)进行土地整理、开发与规划有关的地籍测绘工作。

(三)地籍测绘的特点

地籍测绘具有如下特点:

(1)地籍测绘是一项基础性的具有政府行为的测绘工作,是政府行使土地行政管理职能的具有法律意义的行政性技术工作。

(2)地籍测绘为土地管理提供了精确、可靠的地理参考系统。

(3)地籍测绘是在地籍调查的基础上进行的。

(4)地籍测绘成果具有法律、行政效力。

(5)地籍测绘技术标准必须符合土地法律要求。

(6)地籍测绘工作有非常强的现势性。

(7)地籍测绘技术是当今测绘高新技术的应用集成。

(8)地籍测绘工作人员应懂测绘技术、土地管理知识和法律知识。

七、地籍工作概述

地籍工作在土地管理中的地位与作用是十分重要的。它对于科学管理土地,编制国民经济计划、土地利用规划,制定土地政策等有十分重要的意义。所谓地籍工作,是指获取、管理、应用地籍信息涉及的理论、技术和方法的总称。地籍工作的各个环节相互关联、相互衔接。获取地籍信息是基础;管理地籍信息是核心;应用地籍信息是目的。

(一)地籍信息的获取

获取地籍信息主要包括地籍调查和地籍测量,可以分为权属调查、土地利用现状调查、土地质量调查、地籍测量等,具体如下所述:

(1)获取土地及其附着物的权属信息——权属调查。

(2)获取土地及其附着物的利用现状信息——土地利用现状调查。

(3)获取土地及其附着物的质量信息——土地质量调查(包括土地分等定级和不动产评估)。

(4)获取建筑物、构筑物的信息——房产调查。

(5)获取土地及其附着物的空间信息——地籍测量。

(6)其他地籍信息的获取。

(二)地籍信息管理

地籍信息管理包括地籍信息管理制度、地籍档案管理和地籍信息系统的建立、应用和维护。

地籍信息管理制度是指保证地籍信息的获取、管理和应用的管理措施,能适时提供地籍信息给各部门使用。

地籍档案管理是以地籍的初始记录、历史记录、形成地籍信息的过程文件为工作对象进行的收集、整理、鉴定、保管、研究、利用等各项工作的总称。

地籍信息系统是借助计算机技术、信息技术,实现地籍信息的采集、处理、应用的自动化，实现不间断的数据流，使地籍信息方便快捷地应用于社会各个领域。

（三）地籍信息的应用

随着社会经济、科技发展，地籍信息越来越渗透到社会各领域，服务于各部门，具体有以下行业：

· 土地管理；
· 房地产管理；
· 城市规划、基础设施建设；
· 税收、环境保护；
· 旅游、统计；
· 公安、消防；
· 灾害预防；
· 决策、国防；
· 商业布局等。

德国已有40多个行业应用地籍信息。

习　题

1. 什么是地籍？其含义包括哪些内容？
2. 土地管理的内容体系包括哪些内容？
3. 什么是地籍测绘？
4. 地籍的类型有哪些？
5. 简述地籍的功能。
6. 简述地籍测绘的内容。
7. 简述地籍测绘工作的特点。
8. 地籍工作包括哪些内容？

本课程项目案例

郑州测绘学校(见图1)坐落于郑州市二七区大学南路1号,北至航海中路,西至大学南路,东至建云街,南至郑州航空工业管理学院,占地约100亩。该单位于1978年由原国家测绘局(现更名为国家测绘地理信息局)筹建,1982年开始招收首届学生,现已归属河南省教育厅管辖。按国家相关技术要求,完成地籍测绘工作。

图1

在本课程的学习中,以该案例为地籍测绘各项目任务活动实训对象,完成地籍测绘工作流程的技能实训。

完成课程案例应达到以下目的和要求:

(1)根据案例情况,选择技术方案。

(2)根据选定的地籍测绘方案,确定地籍测绘技术路线及施测方法。

(3)能根据项目要求进行内业数据处理及各类面积测算与统计。

(4)能根据项目任务,提供完整、精确、可靠的测绘成果。

(5)能根据项目要求,实施更新调查测绘。

本案例工作程序如图2所示。

案例提交成果:

——技术设计书;

——地籍调查表;

——地籍控制测量成果(观测手簿、控制网图、平差资料、控制点成果表等);

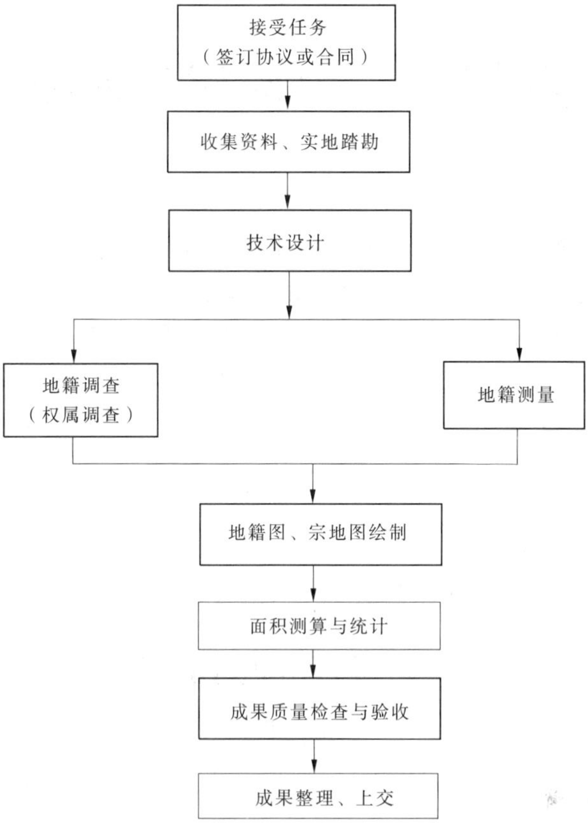

图 2　地籍测绘工作流程图

——地籍图、宗地图；
——界址点成果表；
——面积统计簿；
——技术总结。

本课程案例涉及的技术标准如下：

(1)《地籍调查规程》(TD/T 1001—2012)；
(2)《第二次全国土地调查技术规程》(TD/T 1014—2007)；
(3)《河南省城镇地籍更新调查技术规程》(豫国土资发[2006]153 号)；
(4)《城市测量规范》(CJJ/T 8—2011)；
(5)《全球定位系统(GPS)测量规范》(GB/T 18314—2009)；
(6)《土地利用现状分类》(GB/T 21010—2007)和《国民经济行业分类》(GB/T 4754—2011)；
(7)《河南省城镇地籍更新调查成果检查验收办法》(豫国土资发〔2006〕48 号)；
(8)《1∶500、1∶1 000、1∶2 000 地形图图式》(GB/T 7929—2007)。

项目一　土地权属调查

项目导航：

本项目是地籍测绘工作的第一个环节，获取调查对象的权属状况基本信息。土地权属调查是地籍调查工作的核心，本项目工作需完成三个任务：第一个任务是调查前的准备工作，使大家明确调查开始前的相关组织、宣传、资料的收集等工作；第二个任务是制作调查工作底图，学会如何通过收集的图件制作调查工作底图；第三个任务是调查实施，掌握调查的程序、方法及调查成果的处理。

学习目标：

1. 能掌握调查前的准备工作。
2. 能制作调查工作底图。
3. 掌握土地权属调查的内容及工作流程。

任务一　调查前的准备工作

任务目标：

1 掌握调查前的准备工作。

2. 掌握资料的收集方法。

3. 了解调查的技术规范。

学习过程：

1. 课件展示。
2. 分组讨论。

活动一　调查前的组织与宣传

资源与器材：图片。

1. 观看地籍调查的有关组织活动及宣传图片。

2. 以郑州市二七区为模拟调查范围，分组讨论，拟订组织与宣传方案（以书面形式上交讨论方案）。

【知识导航】

地籍调查是政策性、法律性、技术性都很强的一项工作，工作量大，难度高，涉及千家万户的利益，是国家获取基础数据的重要途径，必须充分准备、周密计划、精心组织、广泛宣传。

地籍调查以县（市）为单位展开，在调查中，要遵循实事求是的原则，全面调查基本信息数据，要运用科学的方法，采用高新技术（3S 技术），能满足一查多用，提供多要素、多尺度、多时相的技术服务。

（1）调查申请。

具备了调查条件的县（市），由县级土地管理部门编写《调查任务申请书》，也可与初始土地登记、初始土地统计一并申请，编写《地籍调查和登记、统计任务申请书》，其主要内容包括：全县基本情况，需用哪些图件资料，组织机构及技术力量情况，调查计划及经费预算等。申请书要经县级人民政府同意，然后报上级土地管理部门审批，经批准后立即着手组织准备、图件资料准备和仪器设备准备等项工作。

（2）组织准备。

地籍调查是政府行为，应由政府组织实施，成立专门领导机构，并责令调查区内各级国土部门和行政部门成立工作机构，负责本辖区内地籍调查的实施，并对调查工作进行技术指导、组织协调及检查验收工作。各级机构都要明确职责、有序分工、保证质量。

组织准备工作包括建立领导机构、组织专业队伍、建立工作责任制等。

开展地籍调查的县（市），首先要成立领导班子，由县（市）级政府主管领导挂帅，有关部门领导参加，下设办公室，主要负责组织专业技术队伍、筹集经费、审定工作计划、协调部门关系、裁定土地权属等重大问题。同时，为确保土地调查的质量及进度，还应组建一支以土地管理技术人员为主，由县人事部门从水利、农业、计委、城建、统计、民政、林业、交通等部门抽调技术干部参加的专业队伍。专业队设队长、技术负责人、技术指导组、若干外业调查组、面积量算统计组、图件编绘组等，也可分片按每3～4个乡编为一组，作业组下可再设作业小组。乡土地管理员主要配合专业队员进行权属界、行政界调查与接边以及地类调绘等。经验表明，为增强调查人员责任感，还应建立各种责任制，如技术承包责任制、阶段检查验收制、资料保管责任制等。

（3）广泛宣传。

地籍调查工作涉及千家万户，需要用地单位或个人的密切配合，否则这项工作很难开展。为了得到广大群众的理解与支持，要充分利用报纸、广播、电视、宣传单、宣传车等形式全面宣传报道。各级政府应召开街道、村及辖区内主要用地单位领导参加的调查动员大会，要求他们派专人协助配合调查，保证调查工作的顺利进行。

活动二　收集资料

资源与器材：地形图、航片、影像图。

首先阅读背景知识，然后分组讨论，以活动一为例，列举出需要收集哪些方面的资料，填入表1-1。

表1-1　资料收集类型表

资料类型	资料列举

【知识导航】

收集的资料包括收集、整理、分析各种图件资料、权属证明文件以及土地利用情况调查、土地开发整理、土地储备、土地定级估价等社会经济统计资料，建筑物、构筑物的产权资料、调查区域内的相关测绘控制资料等。

权属证明文件的收集包括土地权属文件、征用土地文件等与土地权属来源有关的资料（包括土地审批、土地征用、划拨、出让、转让以及土地登记发证等有关资料）、清理违法占地的处理文据、用地单位的权源证明等。

为了便于分析土地利用现状及划分土地类型，应向各有关业务部门收集各种专业调查资料，如行政区划图、地貌、地质、土壤、水资源、森林资源、气象、交通等资料，以及人口、劳力、耕地、产量、产值、收益、分配等社会经济方面的统计资料和土地利用经验与教训等。

地籍调查，从准备工作到外业调绘、内业转绘，都是为了获得真实反映基本信息的工作底图。工作底图都是由基础图件形成的，常见的基础图件有以下几种类型。

（1）航片。应收集最新的航片及其相关信息，如航摄日期、航片比例尺、航高、航摄倾角、航摄仪焦距等数据资料。利用最新航片进行外业调绘，其优点是能充分利用航片信息量丰富且现势性强的特点，技术较易掌握，外业基本不需仪器，所需调查经费较少，又能保证精度。

（2）地形图。需购置两套近期地形图，一套用于外业调查，另一套留室内用于编制工作底图。如果地形图成图时间长，在此期间地物都会有一定变化，这就加大了外业补测的工作量。

（3）影像平面图。是以航片平面图为基础，在图面上配合以必要的符号、线划和注记的一种新型地图。它既具有航片信息丰富的优点，又可使图廓大小与图幅理论值基本保持一致，因此只需购买一套。直接利用影像平面图可进行外业调查、补测，可节省大量转绘工作。

（4）其他图件。如彩红外片和大像幅多光谱航片，其特点是信息量丰富、分辨率高，大量室外判读可转到室内进行，从而可节省外业工作量，又能保证精度。

活动三　技术培训

资源与器材：图片、技术规程、网络资源。

在本活动中，要求学生掌握地籍调查所需要的技术标准，并结合调查实例，形成学习规范、技术标准的意识。

通过查找网络资源，列出地籍调查中依据的技术标准，填入表1-2中。

【知识导航】

地籍调查技术性强、专业面广，还涉及许多的法规政策，同时各地都有特殊性，调查工作人员的业务素质也有较大差别，必须进行技术培训，力求调查工作能按统一要求、统一方法、统一格式、统一规定进行，保证调查质量。通过培训，应达到以下目的：

（1）熟悉有关的法律、法规和政策。

（2）熟悉地籍调查的技术规程和调查程序。

（3）熟悉调查方法及技术要求。

（4）能正确处理作业过程中出现的问题。

表 1-2　地籍调查技术标准

标准名称	标准代码及年份

任务二　制作调查工作底图

任务目标:

1. 掌握宗地划分方法。
2. 掌握宗地编号方法。
3. 掌握调查底图调查区域范围的划分方法。

学习过程:

课件展示。

分组讨论。

活动一　土地划分

资源与器材:影像图、地形图、航片。

1. 根据给定的影像图、地形图、航片,正确划分宗地。
2. 分组讨论宗地和地块的区别,并分组发言。

【知识导航】

土地划分是指为满足土地管理工作的需要所确定的宗地所属地域上的空间层次。根据我国国情,考虑到便于管理,划分的空间层次应与行政管理系统相一致。土地划分有利于土地规划、计划、统计与管理,而且便于收集、整理资料以及利用计算机管理地籍信息的图形、数据和表册,达到便于检索、修改、储存与保管的目的。

我国地籍调查实际工作中按各级行政区划的管理范围进行划分,具体划分为××省××市××区×××地籍区×××地籍子区×××××××宗地。

地籍区和地籍子区是根据地籍工作的需要而设立的。在我国,地籍管理的基层单位为县、区级土地管理部门。在实际工作中,地籍区相当于街道或乡镇,地籍子区相当于街坊或行政村。

★知识拓展

宗地:凡被权属界址线所封闭的用地范围称为一宗地。一个用地范围内由几个土地使用者共同使用而其间又难以划清权属界线的也称为一宗地。

地块:指地表上一块有边界、确定的权属主和一定土地利用类别的最小用地单元。

根据宗地的权属性质,可分为土地所有权宗地和土地使用权宗地。在实际工作中,依照我国有关的法律法规,一般只调查集体土地所有权宗地、集体土地使用权宗地和国有土地使用权宗地。

一、基本原则

无论是集体土地所有权宗地,还是集体土地使用权宗地和国有土地使用权宗地,划分时都必须遵循以下基本原则:

(1)由一个权属主所有或使用的相连成片的用地范围划分为一宗地。

(2)同一个权属主所有或使用的不相连的两块或两块以上的土地,则划分为两个或两个以上的宗地。

(3)如果一个地块由若干个权属主共同所有或使用,实地又难以划分清楚各权属主的用地范围的,划为一宗地,称组合宗。

二、宗地的再划分

在城镇,对一个权属主拥有的相连成片的用地范围,遇到下列情况之一可划分成多个宗地:

(1)原宗地范围过大。

(2)土地使用权的来源不同,且能在实地划清界线的。

(3)依土地用途不同自然分成若干宗地。

(4)以规划红线划出部分给其他单位或个人使用的。

(5)宗地中部分房地产转让给其他单位或个人使用的,且能在实地划清界线的。

(6)楼层数相差太大,且能在实地划清界线的。

(7)建成区与未建成区(如住宅小区)之间能在实地划清界线的。

(8)用地价款不同,且能在实地划清界线的。

(9)使用年期不同,且能在实地划清界线的。

(10)认为有必要分割成多宗地的其他情况。

三、农村和城市郊区的宗地划分

在农村和城市郊区，依据宗地划分的基本原则，农村居民地内村民建房用地（宅基地）和其他建设用地，亦可按集体土地的使用权单位的用地范围划分为宗地，要注意，这里是指集体非农建设用地使用权宗地，一般反映在农村居民地地籍图（岛图）上。

四、集体土地所有权宗地的划分

依照《中华人民共和国土地管理法》，农村可根据集体土地所有权单位（如村民委员会、农业集体经济组织、村民小组、乡（镇）农民集体经济组织等）的土地范围划分土地所有权宗地。

一个地块由几个集体土地所有者共同所有，其间难以划清权属界线的，为共有宗。共有宗不存在国家和集体共同所有的情况。

五、城镇以外的国有土地使用权宗地的划分

城镇以外，铁路、公路、工矿企业、军队等用地，都是国有土地，这些国有土地使用权界线大多与集体土地的所有权界线重合，其宗地的划分方法与前述相同。

六、争议地、间隙地、飞地的宗地划分

争议地是指有争议的地块，即两个或两个以上的权属主都不能提供有效的确权文件，却同时提出拥有所有权或使用权的地块。间隙地是指无土地使用权属主的空置土地。飞地是指镶嵌在另一个土地所有权地块之中的土地所有权地块。这些地块均实行单独分宗。

★探究：宗地与地块的区别。

活动二　调查区土地编号

资源与器材：影像图、航片、地形图。

对活动一中划分的宗地进行编号。

【知识导航】

一、地籍区编号

通常以县级行政区划的街道办事处、乡镇界线为基础结合明显地物划定地籍子区。在一般情况下，地籍区编号统一自西向东、从北到南从“001”开始按3位数顺序编号（在实际工作中，也可采用街道、乡镇的行政代码作为其地籍区号）。地籍号在地籍图上采用不同的字体和不同大小加以区分；而宗地号在图上宗地内以分数形式表示，分子为宗地编号，分母为地类号。通常，省、市、区、地籍区、地籍子区的编号在调查前已经编好，调查时只编宗地号，并及时填写在相应的表册中。

二、地籍子区编号

地籍子区编号是在地籍区内以行政村、居委会或街坊界线为基础结合明显线状地物划

定的土地调查区域范围。地籍子区的编号方法同地籍区,也用3位数表示。

地籍区和地籍子区划定后,其数量和界线应保持稳定,原则上不随所依附界线和线状地物的变化而调整。

三、宗地编号

宗地是在地籍子区内按“从左到右,从上到下”的反“S”形编号。完整的宗地编号由省、市、区(县)、地籍区、地籍子区、土地权属类型、宗地号组成。其中,省、市、区(县)各2位数,地籍区、地籍子区各3位数,土地权属类型2位数,宗地号5位数,共有19位数。其中土地权属类型的表示方法如下所示:

第1位	第2位
G: 国有	A:集体土地所有权宗地
J: 集体土地使用权	B:建设用地使用权(地表)
Z: 土地所有权争议	S:建设用地使用权(地上)
	X:建设用地使用权(地下)
	C:宅基地使用权宗地
	W:使用权未确定或有争议
	Y:其他土地使用权宗地

★思考:宗地号410103005012GB00126中数字、字符含义。

活动三　制作调查工作底图

资源与器材:影像图、地形图、航片。

1. 在给定的的影像图上划分街道及街坊。
2. 在地形图上划分宗地,并标注其编号。

【知识导航】

制作调查工作底图,首先选择调查底图。一般要求使用近期大比例尺的地形图、航片、影像图等。在确定了调查范围后,将调查范围线划定在图上,同时要在图上划分地籍区、地籍子区、宗地,标注其编号,作为调查时的参考指导。

★思考:若在调查区无法收集图件作为调查工作底图,如何处理?

任务三　土地权属调查

任务目标:

1. 掌握土地权属调查内容。
2. 掌握调查的技术路线与方法。
3. 掌握调查程序与方法。
4. 掌握调查表填写及宗地草图绘制。

学习过程：

课件展示。

活动一　确定调查内容

资源与器材：地形图、航片、影像图。

分组讨论，以郑州测绘学校用地范围为例，确定调查的内容，并将其填入表1-3中。

表1-3　案例分析表

调查内容	内容属性

分组讨论常见界标类型的应用场景，填入表1-4中。

表1-4　界标应用场景

界标类型	应用场景

【知识导航】

土地权属调查是以宗地为单位，对土地的权属状况、位置、界线、利用状况等信息的确认和调查（土地登记前的具有法律意义的初步确认）。土地权属调查可分为土地所有权调查和土地使用权调查。一般土地所有权调查与土地利用现状调查同时进行。在城镇，土地权属调查着重调查和确认国有和集体土地使用权的属性信息。

土地权属调查的内容有：

（1）查清一宗地的权属状况（权属性质、权源、使用期限、权属主）。

（2）查清一宗地的位置状况（坐落、门牌号、宗地号、四至）。

（3）查清一宗地的界址状况（界址点、界址线、界标）。

(4)查清一宗地的利用状况(地类、土地等级、税额等)。

★**知识拓展**

土地权属:指土地产权的归属,是存在于土地之中的排他性完全权利。它包括土地所有权、土地使用权、土地租赁权、土地抵押权、土地继承权、地役权等多项权利。

权属主名称是指土地使用者或土地所有者的全称。有明确权属主的为权属主全称;组合宗地要调查清楚全部权属主全称和份额;无明确权属主的,则为该宗地的地理名称或建筑物的名称,如××水库等。对于非法用地,暂以用地者全称记载,在地籍调查表的相应栏目中填写"非法用地"字样。

权属性质:国有土地使用权(划拨、出让、租赁、国家作价出资入股、授权经营)、集体土地所有权、集体土地使用权。

取得土地的时间是指获得土地使用权的起始时间。土地年期是指获得土地使用权的最高年限。在我国,土地使用权出让的最高年限规定如下:

(1)住宅用地为70年。

(2)工业用地为50年。

(3)教育、科技、文化、卫生、体育用地为50年。

(4)商业、旅游、娱乐用地为40年。

(5)综合或者其他用地为50年。

权源:土地所有权或使用权来源,一般有以下几种情况:

——历史用地:1982年5月《国家建设征用土地条例》颁布之前取得的土地;

——划拨用地:1982年5月《国家建设征用土地条例》颁布之后取得的土地;

——有偿用地:1990年5月《城镇国有土地使用权出让和转让暂行条例》(国务院55号令)颁布后取得的土地。

土地使用者性质包括:机关、事业单位、企业、社会团体、个人、个体等。

企业包括:

——国有企业

——集体企业

——股份合作企业

——联营企业

——有限责任公司

——股份有限公司

——民营企业

——外商中外合资企业

——外商独资企业

——外商中外合作企业

——外商投资股份有限公司

——港、澳、台"三资"企业

——港、澳、台投资股份有限公司

界址——指界址点、界址线和界标的总称。界址线指相邻宗地的权属分界线。界址线大多以实物界线如围墙、栅栏、墙壁、道路、沟渠等为界,但要注意区分界址线位于这些实物的中线、内边线还是外边线。对于实地无明显参考物的界址线,应清楚标绘界址点连线。界址点是指界址线的拐点或属性变化点。界标为界址点标志。常见标志类型如下:

(1)混凝土界址标桩(用于地面埋设),见图1-1。

(2)石灰界址标桩(用于地面填设),见图1-2。

(3)带铝帽的钢钉界址标桩(在坚硬的地面上打入埋设),见图1-3。

(4)带塑料套的钢棍界址标桩(在房、墙角浇筑),见图1-4。

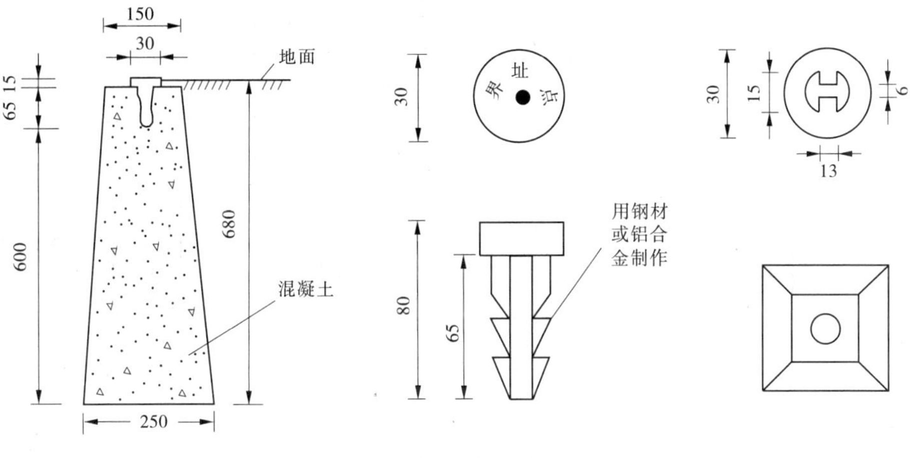

图 1-1　混凝土界址标桩　（单位:mm）

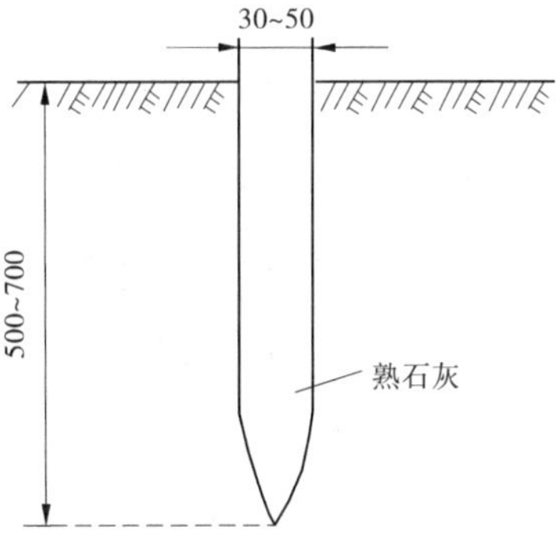

图 1-2　石灰界址　（单位:mm）

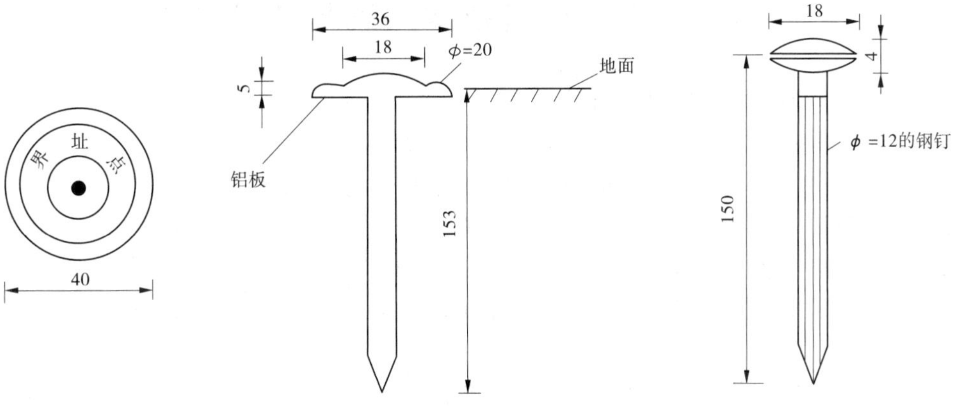

图 1-3　带铝帽的钢钉界址标桩　（单位:mm）

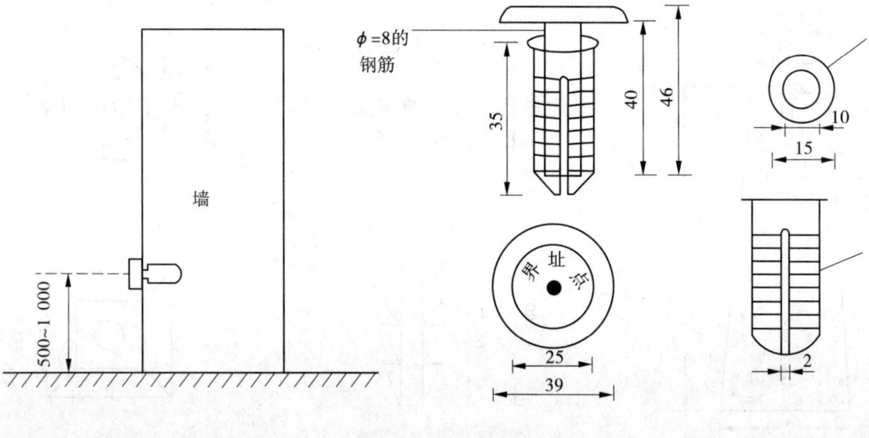

图 1-4　带塑料套的钢棍界址标桩　（单位:mm）

（5）喷漆界址标志（在墙上喷漆），见图 1-5。

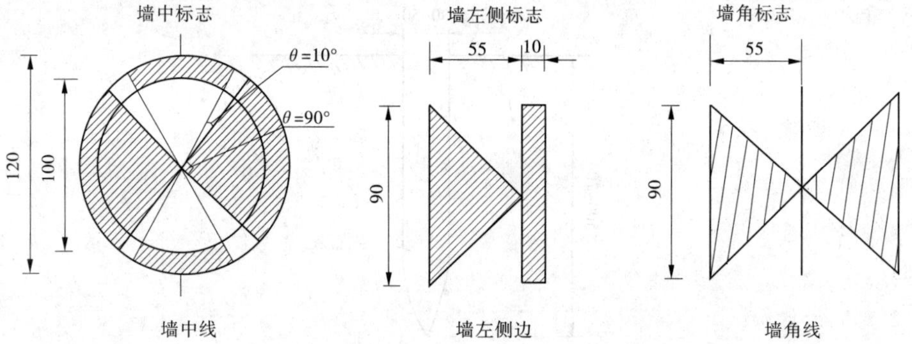

图 1-5　喷漆界址标志　（单位:mm）

活动二　制定调查技术路线与技术方法

资源与器材:1∶5 000 影像图、技术规范。

结合案例基本概况，制定出调查技术路线与技术方法。

技术路线：依据国家技术标准，充分利用现有信息化成果，以现势性强、精度高的 1∶5 000影像图和 1∶1 000 数字地形图为工作底图，按照国标 2007 版《土地利用现状分类》标准进行全要素、全覆盖调查，全面查清调查区内宗地权属、位置、数量、质量、利用现状等基本信息数据，并建立数据库系统，实现土地变更监测的动态更新，真正做到"一查多用"和"一库多用"。

技术方法：根据工作目的和性质，在上述技术路线的指导下，遵循"一查多用"的原则，以宗地为单位，现场调查核实每一宗土地的位置、权属、界址、地类、数量、等级、利用现状等基本状况。对已完成城镇国有土地登记发证、城镇地籍调查的地方，资料完整并经县级以上（含县级）国土资源行政主管部门复查无误、无变化的，作出书面说明（可用表格或文字记载,并由核查者签字盖章),可不再进行权属调查,原权属调查资料继续使用;如发生变化,或调查范围不能覆盖调查区的应重新进行权属调查。

活动三　权属调查程序及步骤

资源与器材:影像图、地形图、表格、钢尺、红漆、毛笔、钢笔、铅笔、界标模板。

本活动要求掌握权属调查的程序步骤、调查方法。

以郑州测绘学校为调查对象,在实地进行权属调查。

实训要求:

1. 准备调查底图、调查表格及钢尺。

2. 描述宗地位置。

3. 实地设置界址点,并以喷涂方式表示界址点,要求标志要明显规则;同时编立宗地号、界址点号。

4. 现场演示并讨论界址线位置表示。

【知识导航】

1. 拟订调查计划,明确调查任务、范围、方法、时间、步骤、人员组织以及经费预算,然后组织专业队伍,进行技术培训与试点。

2. 相关准备工作。

3. 制作调查工作底图。根据需要和已有的图件,选择调查底图。一般要求使用近期测绘的大比例尺地形图、近期影像图或航片。

4. 划分调查区(地籍区、地籍子区、宗地)。

以城市街道办事处或乡镇范围为基础划定地籍区,在地籍区内以线状地物为界划分若干地籍子区,在地籍子区内划定宗地。

5. 发布通告。

6. 接收申请文件,专人负责登记、整理、审核权源资料。

7. 预编宗地号。

8. 发出指界通知。实地调查前,要向土地所有者或使用者发出通知书,同时对其四至发出指界通知。按照工作,分区分片通知,并要求土地所有者或使用者(法人或法人委托的指界人)及其四至的合法指界人,按时到达现场。

9. 实地调查。需携带调查底图、土地登记申请书、地籍调查表、权源资料、勘丈工具。

(1)宗地位置调查,调查员实地确定该宗地的坐落、门牌号、四至、宗地号及单位名称或户主姓名。

(2)界址调查,调查员实地核实该宗地的界址点、界址线及界标状况。

a. 现场指界必须由本宗地及相邻宗地指界人亲自到场共同指界。各方权利人到现场指界,一般由法人代表或户主指界,也可由法人代表代理人指界,但都要出示法人代表证明书、代理人委托证明书,并有单位公章及身份证复印件。

双方实地核实界址点时注意:

①界址点应根据指界人指认的权属界线情况确定。

②界址点的设置应能准确表达界址线的走向。

③相邻宗地的界址线交叉处应设置界址点。

④在一条界址线上存在多种界址线类别时，变化处宜设置界址点。

b. 若对界址无争议，要埋设界标，并在调查表上签字盖章；对不签字的，按违约缺席处理。

调查人员根据指界认定的土地范围，设置界址点及界标。对于明显地物上的界址点按照本任务活动一中列出的标志类型标示，一般情况下，为了节约成本及今后主要采用坐标数据管理，可采用临时标志类型——喷涂标志。对于弧形界址线，按弧线的曲率可多设几个界标。

c. 界址点设立后，标注其编号并丈量界址边长。

①以宗地为单位编号。

在实地调查时，通常在宗地草图上以宗地为单位编号，权属界址点由宗地左上角起按1,2,3…顺序编排。

②以地籍子区为单位编号。

在地籍调查结束后，地籍图上通常以地籍子区为单位按宗地顺序顺时针（每宗地都由左上角起）统编界址点号，点号前加字母“J”。若该点采用图解法获得，点号前加“T”。

③以编号区为单位编号。

《地籍测量规范》（1995 年）按高斯投影的整公里格网作为编号区，每个编号区的代码以公里格网西南角的横纵坐标公里值表示，点的编号在一个编号区内从 1 ~ 99999 连续顺编。点的完整编码由编号区代码、点的类别代码、点的编码三部分组成，编号形式如下：

编号区代码	类别代码	点的编码
（9 位）	（1 位）	（5 位）
×××××××××	×	×××××

编码区代码由 9 位数组成，第 1、第 2 位数为高斯坐标投影带的带号，第 3 位数为横坐标的百公里数，第 4、第 5 位数为纵坐标的千公里和百公里数，第 6、第 7 位数和第 8、第 9 位数分别为横坐标和纵坐标的十公里和整公里数。

类别代码用 1 位数表示，其中：1 表示地籍基本控制点，2 表示地籍控制点，3 表示界址点。

点的编码用 5 位数表示，从 1 ~ 99999 连续顺编。

界址边长的勘丈一般采用经鉴定合格的钢尺丈量，勘丈时，精确至 0.01 m，每条界址边勘丈两次，当界址边长超过一个尺段时，可不予丈量，取其测量数据。

对界址线的位置应注记清楚（外边、中线、内边）。以路、沟、渠、墙栅等为界或参照其划界的，按照界线与线状地物的关系，以内、外、中分别注记界线位置。线状地物属于本宗地的，按照“外”或“外××米”注记；线状地物不属于本宗地的，按照“内”或“内××米”注记；线状地物分别属于相邻两宗地的，按照“中”或者“中××米”注记。

d. 违约处理。

①若一方缺席，界址线以另一方指定为准。

②若双方缺席，由调查员结合实地及相关资料现场决定。

确界后,将结果以书面形式送达,如有异议,送达之日起15日内提出复议,并负责确界费用;逾期自动生效。

若有争议的,按未定界处理;违章用地,按现场调查,在相应栏内填"违章用地"。

10. 资料整理。在资料收集、分析、处理和实地调查的基础上,编制宗地号、界址点号,实地填写地籍调查表,绘制宗地草图,建立宗地档案,准备地籍测量所需的资料。

活动四 填写地籍调查表

资源与器材:地籍调查表、钢尺、钢笔。

按本项目任务三活动三的实训要求,现场完成地籍调查表的填写。

【知识导航】

每一宗地应单独填写一份地籍调查表,填表时应随调查随填表,做到图、表与实地一致,项目齐全,准确无误,其样式如表1-5所示。若相邻宗地指界人无争议,则由双方指界人在地籍调查表上签字盖章,即为有效。

表中主要内容包括:本宗地地籍号及所在图幅号;土地坐落、土地权属性质、宗地四至;土地使用者名称;单位所有制性质及主管部门;法人代表或户主姓名,身份证明号码、电话号码;委托代理人姓名、身份证明号码、电话号码;批准用途、实际用途及使用期限;界址调查记录;宗地草图;权属调查记事及调查员意见;地籍勘丈记事;地籍调查结果审核。

1. 填写要求

(1)必须做到图表与实地一致,各项目填写齐全,准确无误,字迹清楚整洁。

(2)填写各项目均不得涂改,同一项内容划改不得超过两次,全表不得超过两处,划改处应加盖划改人员印章。

(3)每一宗地填写一份,项目内容多的,可加附页。

(4)地籍调查结果与土地登记申请书填写不一致时,应按实际情况填写,并在说明栏中注明原因。

2. 填表说明

(1)说明:地籍变更调查时,将原使用人、土地坐落、地籍号及变更的主要原因在此栏内注明。

(2)宗地草图:对较大的宗地,本表幅面不够时,可加附页绘制附在宗地草图栏内。

(3)权属调查记事及调查员意见:记录在权属调查中遇到的政策、技术上的问题和解决方法;如存在遗留问题,将问题记录下来,并尽可能提出解决意见等;记录土地登记申请书中有关栏目的填写与调查核实的情况是否一致,不一致的要根据调查情况作更正说明。

(4)地籍勘丈记事:记录勘丈采用的技术方法和使用的仪器;勘丈中遇到的问题和解决办法;遗留问题并提出解决意见等。

(5)地籍调查结果审核意见:对地籍调查结果是否合格进行评定。

(6)表内其他栏目可参照土地登记申请书中的填写说明进行填写。

活动五　绘制宗地草图

资源与器材：地籍调查表、钢尺、铅笔、地形图。

按照本项目任务三活动三的实训要求，绘制出宗地草图。

【知识导航】

宗地草图是描述宗地位置、界址点、线和相邻宗地关系的实地草编记录。宗地草图是在进行权属调查时，调查员填写并核实所需要调查的各项内容，实地确定了界址点位置并对其埋设了标志后，现场草编绘制的。

一、宗地草图记录的内容

(1)本宗地号和门牌号，权属主名称和相邻宗地的宗地号、门牌号、权属主名称。

(2)本宗地界址点、界址点序号及界址线，宗地内地物及宗地外紧靠界址点、线的地物等。

(3)界址边长、界址点与邻近地物的相关距离和条件距离。

(4)确定宗地界址点位置、界址边长方位所必需的建筑物或构筑物。

(5)概略指北针和比例尺、丈量者、丈量日期。

二、宗地草图的特征

(1)宗地草图是宗地的原始描述。

(2)图上数据是实量的，精度高。

(3)所绘宗地草图是近似的，相邻宗地草图不能拼接。

三、宗地草图的作用

(1)宗地草图是地籍资料中的原始资料。

(2)配合地籍调查表，为测定界址点坐标和制作宗地图提供了初始信息。

(3)可为界址点的维护、恢复和解决权属纠纷提供依据。

四、绘制宗地草图的基本要求

绘制宗地草图时，图纸质量要好，能长期保存，其规格为 32 开、16 开或 8 开(或 A3、A4 纸)，过大宗地可分幅绘制；草图按概略比例尺，使用 2H ~ 4H 铅笔绘制，线条均匀，字迹清楚，数字注记字头向北向西书写；过密的部位可移位放大绘出；应在实地绘制，不得涂改注记数字，长度丈量用钢尺量，并精确至 0.01 m。宗地草图样式如表 1-5 中所示。

表 1-5 地籍调查表样式

TD/T 1001—2012

编号：

地 籍 调 查 表

宗地代码：________________________________

土地权利人：______________________________

年 月 日

×××国土资源局

<table>
<tr><th colspan="6">基本表</th></tr>
<tr><td rowspan="4">土地权利人</td><td colspan="3" rowspan="4"></td><td>单位性质</td><td></td></tr>
<tr><td>证件类型</td><td></td></tr>
<tr><td>证件编号</td><td></td></tr>
<tr><td>通讯地址</td><td></td></tr>
<tr><td>土地权属性质</td><td colspan="3"></td><td>使用权类型</td><td></td></tr>
<tr><td>土地坐落</td><td colspan="5"></td></tr>
<tr><td rowspan="2">法定代表人或负责人姓名</td><td rowspan="2"></td><td>证件类型</td><td></td><td rowspan="2">电话</td><td rowspan="2"></td></tr>
<tr><td>证件编号</td><td></td></tr>
<tr><td rowspan="2">代理人姓名</td><td rowspan="2"></td><td>证件类型</td><td></td><td rowspan="2">电话</td><td rowspan="2"></td></tr>
<tr><td>证件编号</td><td></td></tr>
<tr><td>国民经济行业分类代码</td><td colspan="5"></td></tr>
<tr><td>预编宗地代号</td><td colspan="2"></td><td>宗地代码</td><td colspan="2"></td></tr>
<tr><td rowspan="2">所在图幅号</td><td>比例尺</td><td colspan="4"></td></tr>
<tr><td>图幅号</td><td colspan="4"></td></tr>
<tr><td rowspan="4">宗地四至</td><td colspan="5">北：</td></tr>
<tr><td colspan="5">东：</td></tr>
<tr><td colspan="5">南：</td></tr>
<tr><td colspan="5">西：</td></tr>
<tr><td rowspan="2">批准用途</td><td colspan="2"></td><td rowspan="2">实际用途</td><td colspan="2"></td></tr>
<tr><td>地类编码</td><td></td><td>地类编码</td><td></td></tr>
<tr><td rowspan="2">批准面积(m²)</td><td rowspan="2"></td><td rowspan="2">宗地面积(m²)</td><td rowspan="2"></td><td>建筑占地面积(m²)</td><td></td></tr>
<tr><td>建筑面积(m²)</td><td></td></tr>
<tr><td>使用期限</td><td colspan="5">年　月　日至　年　月　日</td></tr>
<tr><td>共有/共用权利人情况</td><td colspan="5"></td></tr>
<tr><td>说明</td><td colspan="5"></td></tr>
</table>

界址标示表

界址点号	界标种类					界址间距（m）	界址线类别							界址线位置				说明
	钢钉	水泥桩	喷涂				道路	沟渠	围墙	围栏	地埂	田埂			内	中	外	

界址签章表

界址线			邻宗地		本宗地	日期
起点号	中间点号	终点号	相邻宗地权利人（宗地代码）	指界人姓名（签章）	指界人姓名（签章）	

宗地草图

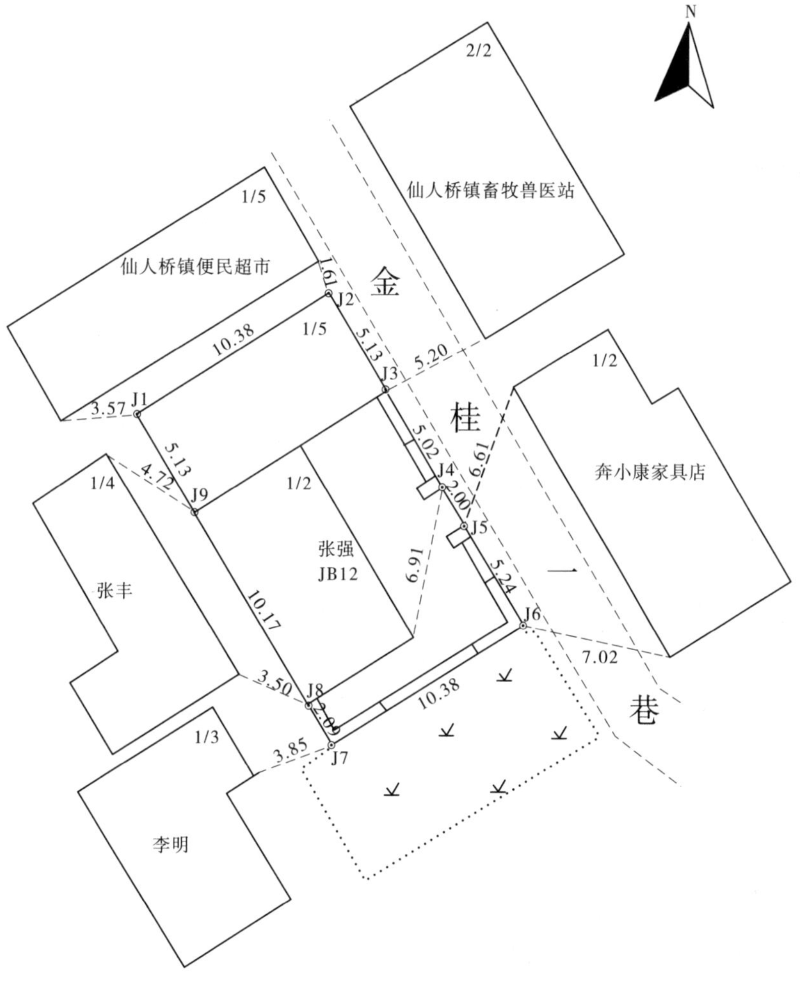

调查员		审核员		绘图日期	

界址说明	
界址点位说明	
主要权属界线走向说明	

<table>
<tr><th colspan="2">调查审核表</th></tr>
<tr><td>权属调查记事</td><td>调查员签名：　　　　日期：</td></tr>
<tr><td>地籍勘丈记事</td><td>勘丈员签名：　　　　日期：</td></tr>
<tr><td>地籍调查结果审核意见</td><td>审核人签名：　　　　审核日期：</td></tr>
</table>

共有/共用宗权利人列表

序号	权利人名称	单位性质	权利人证件号码	法定代表人			代理人		
				姓名	证件号码	电话	姓名	试件号码	电话

共有/共用宗权利人列表

<table>
<tr><td colspan="2">土地坐落</td><td colspan="3">区县</td></tr>
<tr><td colspan="2">权利人名称</td><td></td><td>宗地代码</td><td></td></tr>
<tr><td colspan="2">宗地面积(m^2)</td><td colspan="3"></td></tr>
<tr><td rowspan="5">共有/共用面积情况</td><td>共有/共用权利人名称</td><td>所有权/使用权面积(m^2)</td><td>独有/独用面积(m^2)</td><td>分摊面积(m^2)</td></tr>
<tr><td></td><td></td><td></td><td></td></tr>
<tr><td></td><td></td><td></td><td></td></tr>
<tr><td></td><td></td><td></td><td></td></tr>
<tr><td></td><td></td><td></td><td></td></tr>
</table>

习　题

1. 什么是土地权属？
2. 土地权属调查的内容包括哪些？
3. 简述土地权属调查的作业步骤。
4. 界址包括什么？
5. 简述宗地编号方法。
6. 简述界址点编号方法。
7. 什么是宗地草图？
8. 宗地草图绘制包括哪些内容？

项目二　土地利用现状分类调查

项目导航：

本项目是地籍调查的主要工作内容，包括土地利用现状调查前期准备工作、土地利用现状调查的内容、技术路线与方法及成果整理。土地利用现状调查是摸清各类土地信息数据的重要技术手段，通过本项目的学习，使学生能独立完成该工作流程，按规定提交各类成果。

学习目标：

1. 能够组织实施土地利用现状分类调查工作任务。
2. 能够编写土地利用现状分类调查技术设计书。
3. 会编写土地利用现状调查工作报告。

【项目案例】

我国某地区为了全面查清目前全地区的土地利用状况，摸清土地资源家底，掌握真实的土地基础数据，建立和完善土地调查、统计和登记制度，实现土地资源信息的社会化服务，满足经济社会发展及国土资源管理的需要，决定开展该地区的土地调查工作。土地调查工作主要分为两项内容：一是土地权属调查；二是土地利用现状分类调查。目前，该地区土地权属调查工作已基本结束，本项目的主要任务是完成该地区农村土地利用现状分类调查的工作。

1. 测区自然地理概况

测区为一个地级市，总面积约 5 000 km^2。全测区的地形类别分为平地和丘陵地两种，其中绝大多数为平地，主要位于测区南部，约占整个测区面积的 80%；丘陵地主要集中在测区北部，其面积约占整个测区面积的 20%；测区内海拔高度平地低点为 10 m，丘陵地最高海拔 110 m。

测区内建成区面积约为 280 km^2，主要分布在平坦地区，建成区内以多层建筑楼房为主，房屋密集；其农村居民地以一、二层建筑为主。

2. 主要技术依据

(1)《中华人民共和国土地管理法》(2004 年修订版)。

(2)《第二次全国土地调查技术规程》(TD/T 1014—2007)。

(3)《第二次全国土地调查底图生产技术规定》(国务院第二次土地调查领导小组办公室发布)。

(4)《第二次全国土地调查成果检查验收办法》(国务院第二次土地调查领导小组办公室发布)。

(5)《土地利用现状分类》(GB/T 21010—2007)。

(6)《地籍调查规程》(TD/T 1001—2012)。

(7)《卫星定位城市测量技术规范》(CJJ/T 73—2010)。

(8)《国家基本比例尺地形图分幅和编号》(GB/T 13989—2012)。

(9)《遥感影像平面图制作规范》(GB/T 15968—2008)。

(10)《城市测量规范》(CJJ/T 8—2011)。

(11)《基础地理信息数字成果 1∶5 000、1∶10 000、1∶25 000、1∶50 000、1∶100 000 数字高程模型》(CH/T 9009.2—2010)。

3. 数学基础

(1)平面坐标系统采用 1980 西安坐标系。

(2)高程系统采用 1985 国家高程基准。

4. 现有成果资料

(1)县级以上行政界线资料。

(2)该地区市、区(县)建成区土地权属调查成果。

(3)该地区乡(镇)和村级土地权属调查成果。

(4)该地区土地利用总体规划资料。

(5)该地区以前所有的土地利用现状分类调查资料。

(6)覆盖该地区的国家四等平面控制点资料。

【知识导航】

一、土地利用现状调查的含义

土地利用现状调查是以县为单位,查清村和农、林、牧、渔场,居民点及其以外的独立工矿企事业单位土地权属界线和村以上各级行政界线,各类用地面积、分布和利用状况,并自下而上、逐级汇总为省级、全国的土地总面积及土地利用分类面积而进行的调查。土地利用现状调查是土地资源调查中最为基础的调查。

二、土地利用现状调查的目的

(1)查清各种利用方式的土地的数量、质量、分布状况,以及其有关面积,为国家和地区的农业区划的土地利用、规划与开发服务。

(2)土地利用现状调查所提供的土地利用类型、分布及其行政区界与权属界线等,可为建立土地统计、地籍管理及国家和各级的土地管理工作服务。

(3)了解目前土地利用的经验、教训,为国家和区域的土地保护提供依据。

(4)土地利用现状调查是区域土地评价、土地生产潜力与人口承载力研究等工作的先行性工作。

三、土地利用现状调查的内容

根据土地利用现状调查的目的,其调查内容可归纳如下:

(1)查清村和农、林、牧、渔场以及居民点的厂矿、机关、团体、学校等企事业单位的土地权属界线和村以上各级行政辖区范围界线。

(2)查清土地利用类型及分布,并量算出各地类面积。

(3)按土地权属单位及行政辖区范围汇总面积和各地类面积。

(4)编制分幅土地权属界线图和县、乡两级土地利用现状图。

(5)调查、总结土地权属及土地利用的经验和教训,提出合理利用土地的建议。

四、土地利用现状调查的原则

为保质保量地完成调查任务,土地利用现状调查必须遵守下列根据客观规律总结出来的调查原则。

(一)实事求是的原则

为查实土地资源家底,国家要投入巨大的人力、物力和财力。因此,在调查过程中,一定要坚持实事求是的原则,要防止来自任何方面的干扰,做到数据、图件、实地三者一致,严格防止人为弄虚作假、不如实上报数据、随意更改调查数据等行为。

(二)统一要求原则

调查中必须全面、严格执行《地籍调查规程》(TD/T 1001—2012)规定的调查内容、技术要求、调查方法、精度指标、成果内容,保证全国调查成果的统一性、规范性。对前期完成的调查成果,对照《地籍调查规程》(TD/T 1001—2012)的内容、标准、要求等,本着"缺什么补什么"的原则,进行全面地补充调查和完善。

(三)数字化原则

目前,调查要借助现代化信息,从调查底图制作、实地调查、数据库建设到调查最终成果形成等,全面实现数字化,实现国家、省、市(地)、县四级调查成果的互联互通和快速更新,满足管理对调查成果查询、汇总、统计、分析的需要。

(四)充分利用原则

调查应充分利用以往调查成果,如确权登记发证资料、土地权属界线协议书等,经核实无误的可继承使用,这样既可提高调查工作效率,又可保持成果延续性。又如土地利用数据库、土地利用图、土地变更调查成果等,发挥它们在地类、界线、属性等调查的辅助作用,提高调查的准确性和效率。

(五)以改进土地利用、加强土地管理为基本宗旨

土地利用现状调查最根本的目的是管理好土地、利用好土地,因而管好、用好土地是考虑一切问题的基本点。土地利用现状调查中对土地的分类应当与土地的利用方式有密切的联系,应当适合土地管理的需要。由于土地利用现状包括了土地利用的分配(土地权属)和土地的生产利用,因而这些方面的资料都是管理好土地和利用好土地的必要基础资料。

土地管理是一项长期的不间断的工作,其基本的工作环节在基层,尤其是县和县以下各级。因此,土地利用现状调查宜以县为基本单位开展,由县政府统一领导调查工作和土地管理工作。通过土地利用现状调查,培养和选拔土地管理的业务人员,准备土地管理的基础资料。

五、土地利用现状调查的程序

土地利用现状调查工作是一项庞大而复杂的系统工程,为确保工作符合技术规程要求的精度及速度,必须有条不紊地按内容的先后顺序开展工作,才能达到预期目的。土地利用现状调查的最终目的是掌握土地分类面积及其分布,按照县级土地利用现状调查工作的特点和规律,将其工作分为以下四个阶段进行:

第一阶段为准备工作阶段；

第二阶段为外业工作阶段；

第三阶段为内业工作阶段；

第四阶段为成果检查验收归档阶段。

土地利用现状调查工作程序框图见图2-1。

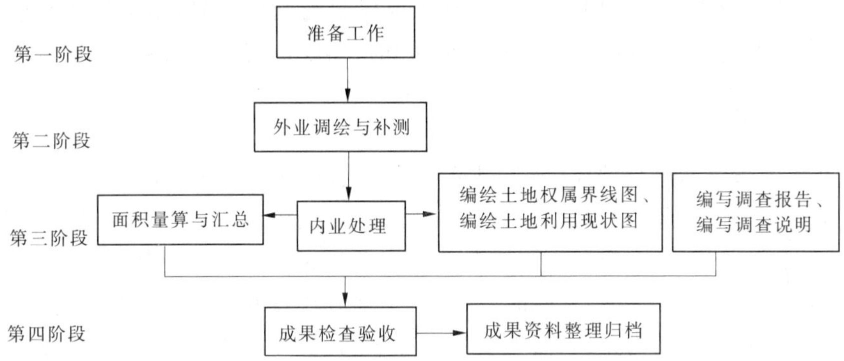

图2-1　土地利用现状调查工作程序框图

任务一　调查前的准备工作

任务目标：

1. 掌握调查前准备工作。
2. 掌握资料收集方法。
3. 了解调查的技术规范。

学习过程：

1. 视频播放。
2. 地形图及影像图展示
3. 分组讨论。

活动一　调查前的组织与宣传

资源与器材：图片及视频。

1. 观看土地利用现状分类调查的有关组织活动及宣传图片

2. 以项目任务为模拟调查范围，分组讨论，拟订组织与宣传方案（以书面形式上交讨论方案）。

【知识导航】

一、调查申请

具备了调查条件的县(市),由县级土地管理部门编写《土地利用现状调查任务申请书》,也可与初始土地登记、初始土地统计一并申请,编写《土地利用现状调查和登记、统计任务申请书》,其主要内容包括:全县基本情况,需用哪些图件资料,组织机构及技术力量情况,调查计划及经费预算等。申请书要经县级人民政府同意,然后报上级土地管理部门审批,经批准后立即着手组织准备、图件资料准备和仪器设备准备等项工作。

二、组织准备

组织准备工作包括建立领导机构、组织专业队伍、建立工作责任制等。

开展土地利用现状调查的县,首先要成立领导班子,由县级政府主管领导挂帅,有关部门领导参加,下设办公室,主要负责组织专业技术队伍、筹集经费、审定工作计划、协调部门关系、裁定土地权属等重大问题。同时,为确保土地利用现状调查的质量及进度,还应组建一支以土地管理技术人员为主,由县人事部门从水利、农业、计委、城建、统计、民政、林业、交通等部门抽调技术干部参加的专业队伍。专业队设队长、技术负责人、技术指导组、若干作业组、面积量算统计组、图件编绘组等,也可分片按每3~4个乡编为一组,作业组下可再设作业小组。乡土地管理员主要配合专业队员进行权属界、行政界调查与接边以及地类调绘等。经验表明,为增强调查人员责任感,还应建立各种责任制,如技术承包责任制、阶段检查验收制、资料保管责任制等。

三、仪器和设备的准备

调查前要准备好调查必需的仪器、工具和设备,包括配备必要的测绘仪器、内业编辑软件、绘图工具、计算工具等;印制各种调查手簿、表格;准备必要的生活、交通和劳动用品等。

四、广泛宣传

地籍调查工作涉及千家万户,需要用地单位或个人的密切配合,否则这项工作很难开展。为了得到广大群众的理解与支持,要充分利用报纸、广播、电视、宣传单、宣传车等形式全面宣传报道。各级政府应召开街道、村及辖区内主要用地单位领导参加的调查动员大会,要求他们派专人协助配合调查,保证调查工作的顺利进行。

活动二　收集资料

资源与器材:地形图、航片、影像图。

首先阅读背景知识,然后分组讨论,以项目任务为例,列举出所需收集的资料,填入表2-1。

表 2-1　资料收集类型表

资料类型	资料列举

【知识导航】

收集资料包括收集、整理、分析各种图件资料，主要包括权属调查和地类调查方面的资料。

权属证明文件的收集包括土地权属文件、征用土地文件、清理违法占地的处理文件、用地单位的权源证明等。

为了便于分析土地利用现状及划分土地类型，应向各有关业务部门收集各种专业调查资料，如行政区划图、地貌、地质、土壤、水资源、森林资源、气象、交通等资料，以及人口、劳力、耕地、产量、产值、收益、分配等社会经济方面的统计资料和土地利用经验与教训等。

土地利用现状调查，从准备工作到外业调绘、内业成图，都是为了获得真实反映土地利用现状的工作底图。工作底图都是由基础图件形成的，常见的基础图件有以下几种类型：

(1)航片。应收集最新的航片及其相关信息，如航摄日期、航片比例尺、航高、航摄倾角、航摄仪焦距等数据资料。利用最新航片进行外业调绘，其优点是能充分利用航片信息量丰富且现势性强的特点，技术较易掌握，外业基本不需仪器，所需调查经费较少，又能保证精度。

(2)地形图。需购置两套近期地形图，一套用于外业调查，另一套留室内用于编制工作底图。如果地形图成图时间长，在此期间地物都会有一定变化，这就加大了外业补测的工作量。

(3)影像平面图。是以航片平面图为基础，在图面上配合以必要的符号、线划和注记的一种新型地图。它既具有航片信息丰富的优点，又可使图廓大小与图幅理论值基本保持一致，可直接利用它进行外业调查、补测。

(4)其他图件。如彩红外片和大像幅多光谱航片，其特点是信息量丰富、分辨率高，大量室外判读可转到室内进行，从而可节省外业工作量，又能保证精度。

活动三　技术培训与试点工作

资源与器材：图片、技术规程、网络资源。

在本活动中，要求学生掌握土地利用现状分类调查所需要的技术标准，并结合土地利用现状分类调查实例，学习规范及技术标准。

通过查找网络资源，列出土地利用现状分类调查中依据的技术标准，填入表 2-2 中。

表 2-2　土地利用现状分类调查技术标准

标准名称	标准代码及年份

【背景知识】

土地利用现状分类调查技术性强、专业面广,还涉及许多的法规政策,同时各地都有特殊性,调查工作人员的业务素质也有较大差别,必须进行技术培训,力求调查工作能按统一要求、统一方法、统一格式、统一规定进行,保证调查质量。通过培训与试点工作,参加调查的工作人员要达到以下要求:

(1)熟悉技术规程。

(2)明确调查方法。

(3)掌握操作要领。

(4)提高技术水平。

任务二　外业调查

任务目标:

1. 能够制订外业调绘工作方案。
2. 能够制作外业工作调绘底图。
3. 掌握地类调绘的内容。
4. 能够准确选择地类调绘的方法。
5. 熟悉地类调绘的程序。
6. 熟悉各项调查的要求。
7. 能够测算田坎系数。
8. 能够编写土地利用现状调查工作报告。

学习过程:

1. 多媒体展示。
2. 项目任务驱动。

活动一　确定外业调绘的技术路线与方法

资源与器材:正射影像图、多媒体。

本活动主要让学生学会选择合理的地类调绘的方法。

根据影像图 2-2 和图 2-3 及知识导航,让学生讨论采用什么样的调绘方法,并填写表 2-3。

图 2-2　某地区影像图

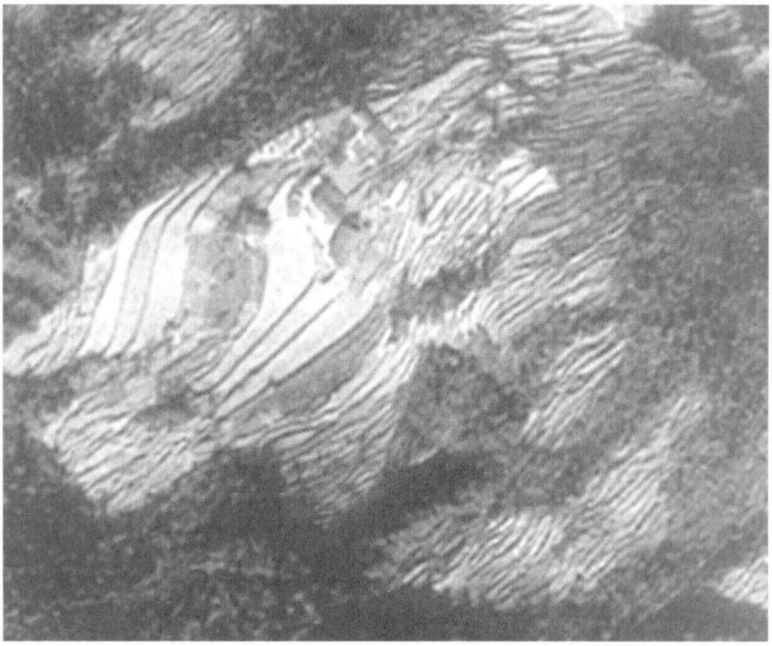

图 2-3　影像图

表 2-3 调绘方法表

调绘方法	适用情况	优点	缺点

【知识导航】

一、确定土地利用现状调查技术路线与方法

常用的调绘方法有综合调绘法和全野外调绘法。

(一)综合调绘法

综合调绘法是农村土地调查中地类调查的主要方法,是内业解译(判读、判译、预判、判绘)和外业核实、补充调查相结合的调绘方法。首先在室内直接对影像进行解译,也可利用已有土地利用数据库与调查底图(DOM)套合后解译,依据影像对界线进行调整。将能够确认的地类和界线、不能够确认的地类和界线、无法解译的影像等,分别用不同的线划、颜色、符号、注记等形式标绘在调查底图上,然后实地对内业标绘的地类、界线等内容逐一进行核实、修正或补充调查。将不正确的予以修正,并补测新增加的地物,用规定的线划、符号在调查底图上标绘出来,将地物属性标注在调查底图或填写在土地调查记录手簿上。最终获得能够反映调查区域内土地利用状况的原始调查图件和资料,以此作为内业数据库建设的依据。

综合调绘法分以下三步完成:

第一步,室内解译前可广泛收集与调查区域有关资料,如以往土地调查图件资料、土地利用数据库、自然地理状况、交通图、水利图、河流湖泊分布图、农作物分布图、地名图等,作为室内判读的参考资料。

第二步,室内解译采用的方式有直接目视判读标绘、立体(具备立体像对时)判读标绘,以及将已有土地利用数据库与调查底图(DOM)套合解译及标绘。依据影像对界线进行调整标绘。通过室内解译,从影像中判读地类和界线,并标绘在调查底图上。对影像不够清晰或室内无法判读的地类或界线,以及线状地物宽度,由野外补充调查确定。

第三步,外业实地核实和补充调查。外业之前,首先要计划核实和补充调查路线、核实和补充调查重点以及一般查看的内容,做到心中有数,既要对内业解译内容进行全面核实和补充调查,保证成果质量,又要突出重点,提高工作效率,发挥内业解译的作用。

综合调绘法可以将大量外业调绘工作提前到室内完成,减轻外业调绘的劳动强度,提高调绘的工作效率。

(二)全野外调绘法

全野外调绘法是持调查底图直接到实地,将影像所反映的地类信息与实地状况一一对照、识别,将各种地类的位置、界线用规定的线划、符号在调查底图上标绘出来,将地物属性标注在调查底图或填写在"土地调查记录手簿"上,最终获得能够反映调查区域内的土地利用状况的原始调查图件和资料,作为内业数据库建设的依据。这种调绘方法主要作业都是在外业实地进行的,因此称为全野外调绘法。

以上两种调绘方法各有优缺点，前者内外业结合，充分发挥内业优势，精度高又可节省时间，工作强度较低，适合影像现势性强、分辨率高、具有影像解译能力和一定调查经验的人员使用；后者调绘工作一次性全部完成，精度高但用时较长且工作强度较大，适合影像分辨率较低、影像现势性不强、影像解译能力较差和调查经验不足人员使用。在具体实际调查中，视情况两种调绘方法可单独使用也可结合使用。

二、实地调绘程序

土地调查中，无论采取综合调绘法还是全野外调绘法，外业实地调查都是土地调查不可省略的重要阶段。外业调查方法、程序、步骤因人而异，不尽相同，但选择合理的方法、程序、步骤，对保证调查质量和提高调查效率、减轻劳动强度将发挥重要作用。

外业调查的基本程序和要求如下所述。

（一）设计调绘路线

在外业实地调查核实前，首先要在室内设计好外业调绘路线。调绘路线以既要少走路又不至于漏掉要调绘的地物为原则，并做到走到、看到、问到、画到（四到）。这里走到是关键，只有走到才能看到、看清、看准地物形状特征、地类、范围界线及与其他地物的关系等，才能依据影像将地类界线标绘在影像的准确位置（画准）。对于影像不清晰、实地发生变化、地理名称、双方飞入地、权属性质、隐蔽地区（如林地中有无道路、山沟深处有无耕地等）地类等都要向向导或当地群众一一询问清楚，既不漏掉该调查的内容，又提高调查精度和效率。平坦地区通视良好，调绘路线一般沿居民点外围和主要道路调绘。居民点分布零乱的可采用“放射花形”或“梅花瓣形”调绘路线，见图 2-2，不走重复路。丘陵山区可沿连接居民点的道路调绘，或沿山沟调绘，同时对两侧山坡上的地类也进行调绘，从山沟进入走到山脊，从山脊再下到另一条山沟形成之字形路线。当山坡调绘内容较多时，一般沿半山腰等高线调绘，以便兼顾到山脊和山沟的地物。城市、建制镇、村庄、采矿用地、风景名胜及特殊用地无需进入，只需沿其外围调绘其外围界线。河流、铁路、公路等线状地物可沿着线状地物边走边调绘。

（二）确定站立点

为了提高调绘的质量和效率，按计划路线调绘时，要向两侧铺开，尽量扩大调绘范围。站立点的选择非常重要。到达调查区域后，首先要确定站立点在图上的位置，站立点一般选择在易判读的明显地物点上，地势要高，视野要广，看得要全，如路的交叉点、河流转弯处、小的山顶、居民点、明显地块处等。确定站立点后，找出一两个实地、影像能对应的明显地物点进行定向，使调查底图方向和实地方向一致。

（三）核实、调查

站立点确定后，要抓住地物的特点。核实、调查应采取“远看近判”的方法，即远看可以看清物体的总体情况及相互位置关系，近判可以确定具体物体的准确位置，将地类的界线、范围、属性等调查内容调绘准确。通过“远看近判”相结合，将视野范围内的内业解译内容，依据实地现状进行核实。当解译的界线、线状地物、地类名称等与实地一致时，在图上进行标注确认；不一致时，依据实地现状，对解译的界线或线状地物或地类名称等进行修正确认，对未解译的，将视野范围内需调绘的界线、线状地物、地类名称等内容标绘在调查底图准确位置上。同时，将调查内容的属性标注在调查底图上或填写在《土地调查记录手簿》上。每一调绘点只有完成所有的外业调绘工作后，方可进入到下一调绘点开展工作，以提高工作效率。

（四）边走边调绘

根据调查底图比例尺，建立实地地物与影像之间的大小、距离的比例关系，在到达下一站立点途中，可边走、边看、边想、边判、边记、边画，在到达下一站立点后，再进行核实。这里要注意的是，两个站立点之间所标绘的各种界线、线状地物、地类名称、权属性质等调绘内容须衔接，不能产生丢漏。

（五）询问

在调查过程中，应向当地群众多询问，一是及时发现隐蔽地类，如林地中被树木遮挡的道路，山顶上的地类，山沟深处有无耕地、居民点等重要地类；二是核实注记地理名称或依据名称寻找实地位置；三是通过询问确定工矿企业及各种调查内容的国有或集体权属性质。为了保证调查的准确，要反复对询问的内容进行验证。通过询问，可以发现一些隐蔽的地物和属性的确认或核实，保证调查质量。

以上调查的方法、程序、步骤不是机械地分开，而是在实地工作中要视情况灵活掌握，有机地结合，综合应用。

活动二　制作外业调绘工作底图

资源与器材：正射影像图若干张、多媒体。

根据该幅影像图，邀请熟悉当地情况的人，进行室内预判，在影像图上划分宗地、图斑界线，制定外业调绘路线，统一调绘信息的标注，完成表 2-4 和表 2-5。

表 2-4　外业调绘路线表

项目 调绘路线数	调绘路线形状	适用调绘的利用类型
调绘路线一		
调绘路线二		
调绘路线三		
……	……	……

表 2-5　调绘信息标注统一表

地类属性	标注颜色或要求
一般行政界线、权属界线	
道路	
水系	
……	……

【知识导航】

一、标绘外业调绘路线

在外业调查底图上，按设计好的调绘路线标注在调查底图上，同时将调查范围线及宗地标注在调查底图上。

二、图斑编码注记与具体要求

为了读图和用图的方便，对数据库输出的土地利用图，以村或村民小组（宗地）为单位，从上到下、从左到右对每一个图斑都要标注一个不重复的编码。图斑属性一般包括图斑的坐落、权属单位、权属性质、地类编号、顺序编号、图斑面积等。当图斑为耕地时，还包括基本农田、耕地坡度分级、梯田、坡耕地、田坎系数等。编码采用 ab/cd 形式：a——图斑顺序编号（不能重复）；b——图斑为基本农田时注 J、否则为空；c——图斑地类编号（二级分类）；d——耕地坡度分级代号（用Ⅰ、Ⅱ、Ⅲ、Ⅳ、Ⅴ代表 5 个坡度级）。当图斑较小时，编码用引线引出，标注在图斑外。

三、线状地物编码注记与要求

线状地物属性主要包括线状地物的坐落、权属单位、权属性质、类型、面积等，这些属性注记在数据库中。为了读图和用图的方便，在图上只对部分属性进行编码注记。编码采用 ab/c 形式，a——地类编号，b——权属性质，国有为 G、集体为 J 或不注，c——单线线状地物宽度。编码标注方法，在宽度量测点上平行线状地物标注，字头朝北（东北）或西（西北）；在非宽度量测点上只标注其宽度（主要用于面积计算方便）。

单线线状地物在实地宽度均匀处量测其宽度到 0.1 m，并在工作底图对应实地位置打点标记量测点和其宽度值；当线状地物宽度变化大于 20% 时，分别量测线状地物宽度，并在实地变化对应工作底图位置垂直线状地物绘一短实线，分隔宽度不同的线状地物。当线状地物较长时，为了用图方便，相隔一定距离注记其宽度，但不需打点以示区别。

四、调绘信息标注原则

（1）在外业调查过程中，调查底图应完整标绘全部调查信息，包括行政界线、权属界线、地类及其界线、线状地物及宽度、补测地物，以及编号和注记等。编号统一以行政村为单位，对地类图斑、线状地物分别按从左到右、自上而下由“1”顺序编号。补测地物的编号在顺序号前加“B”。

（2）正确处理各种界线的相互位置关系，注意权属界线和线状地物重合时的表示。清绘线划偏移影像不得大于图上 0.2 mm。当天调绘的内容必须当天清绘。

（3）各种注记和编码字迹须工整、清晰、易读、无误。清绘颜色、线划粗细符合规定，注意美观。为有利于数据库建设，用不同颜色按照清绘要求加以区别：一般行政界线、权属界线用红色，水系用蓝色，其他的界线用黑色。

活动三　地类调绘

资源与器材：媒体播放器材；正射影像图若干张。

本活动以组为单位进行室内预判，主要是让学生熟悉土地利用的分类及编码，填写记录表（见表2-6），标绘地类图斑。

表2-6　地类及编码记录表

图斑号	地类名称	地类编码
……	……	……

【知识导航】

一、地类调绘

地类调绘一般采用综合调绘法或全野外调绘法进行。在土地所有权宗地内，实地对照航片逐一判读、调绘，并填写外业手簿。地类调绘较易出错，且对调查精度影响大，因此需特别认真、细心。地类调绘时应注意：认真掌握分类含义，注意区分相接近的地类，如改良草地与人工草地、水浇地与菜地等难以区分的地类，要结合实地询问确定。

调绘时注意以下方面：

（1）当影像上地类界线与实地一致时，将地类界线直接调绘到调查底图上。

（2）当影像不清晰或实地地物与影像不一致时，采用测量方法，在实地将地物补测到调查底图上。

（3）当有设计图、竣工图等有关资料时，可将地类界线直接补测在土地利用现状图上或调查底图上，但必须实地核实确认。

（4）将地物的坐落、权属性质、图斑编号、地类编码、耕地类型、线状地物宽度等属性标注在调查底图或记录在农村土地调查记录手簿。

（5）地类调绘时地类界应封闭，并以实线表示，对小于图上1.5 mm的弯曲界线可简化合并。

二、地类调绘图上表示方法

实地确定地类后，对1∶10 000地形图上居民地超过4 mm^2，耕地、园地超过6 mm^2，林地等其他地类超过15 mm^2的，均应在图上以图斑表示，标注图斑号、地类号、图斑界线；对小于上述面积，又大于实地0.1亩的地类，在调查手簿中登记；小于实地0.1亩的各地类既不上图，也不上簿，直接归并在所在图斑中。

三、图斑划分

单一地类地块，以及被行政界线、土地权属界线或线状地物分割的单一地类地块为图斑。图斑是土地利用现状调查的最小单元，划定的图斑必须是同一所有制、同一末级控制区内、同一图幅、同一土地利用类型，其外围是固定的实物界线。

（1）按《土地利用现状分类》末级地类划分图斑，其中城市用地、建制镇用地、村庄用地、采矿用地、风景名胜及特殊用地外围闭合界线形成的地块为一图斑。

（2）图上宽度大于 2 mm 的线状地物划分为图斑。

（3）行政区域界线、土地权属界线、单线线状地物、地类界线分割的地块形成图斑。

（4）梯田、坡耕地单独划分图斑。

当各种界线重合时，依行政区域界线、土地权属界线、地类界线的高低顺序，只表示高一级界线。行政区域界线、土地权属界线作为符号使用时不视为图斑界线；作为非符号使用时视为图斑界线。

四、图斑编码注记与具体要求

为了读图和用图的方便，对数据库输出的土地利用图，以村或村民小组（宗地）为单位，从上到下、从左到右对每一个图斑都要标注一个不重复的编码。图斑属性一般包括图斑的坐落、权属单位、权属性质、地类编号、顺序编号、图斑面积等。当图斑为耕地时，还包括基本农田、耕地坡度分级、梯田、坡耕地、田坎系数等。编码采用 ab/cd 形式，a——图斑顺序编号（不能重复）；b——图斑为基本农田时注 J，否则为空；c——图斑地类编号（二级分类）；d——耕地坡度分级代号（用Ⅰ、Ⅱ、Ⅲ、Ⅳ、Ⅴ代表 5 个坡度级）。当图斑较小时，编码用引线引出，标注在图斑外。

活动四　线状地物调绘及地物补测

资源与器材：正射影像图、尺子、计算器。

本活动主要让学生讨论线状地物调绘应注意的事项。如图 2-4 所示，该影像图的比例尺为 1∶2 000，根据影像图和土地利用分类标准，在室内进行预判，并在影像图上进行线状地物调绘信息标注。

图 2-4　局部线状地物影像图

【知识导航】

一、线状地物调查

线状地物是土地利用现状调查的重要内容,是图斑划分的重要依据。线状地物包括河流、铁路、公路、管道用地、农村道路、林带、沟渠和田坎等。线状地物的宽度北方不小于2 m、南方不小于1 m时,都要进行调绘并实地丈量宽度,丈量精确到0.1 m。

线状地物宽度大于等于图上2 mm的,按图斑调查。线状地物宽度小于图上2 mm的,调绘中心线,用单线符号表示,称为单线线状地物(以下未作特殊说明的线状地物均指单线线状地物)。单线线状地物除调查其地类外,还须实地量测宽度,用于线状地物面积计算。宽度量测方法和要求,在实地线状地物宽度均匀处(一般不要在路口量测)量测宽度,精确到0.1 m,并在调查底图对应实地位置打点标记量测点及其宽度值。当线状地物宽度宽窄变化大于20%,形成不同宽度的线状地物时,须分别量测线状地物宽度,并在实地变化对应调查底图位置垂直线状地物绘一短实线,分隔宽度不同的线状地物;对并列的小线状地物,若不能同时上图,可适当综合取舍,以确保主要线状地物的权属和数据准确;线状地物与土地权属界线、地类界线重合时,线状地物调绘在准确位置上,其他界线只标绘最高级界线。调绘的线状地物应编号,实量宽度及归属填写在外业调查手簿中。

(一)线状地物认定与要求

根据《土地利用现状分类》中的主要地类认定,正确认定河流、铁路、公路、管道用地、农村道路、林带、沟渠和田坎等线状地物。线状地物调查包括其地类、界线和权属等三个方面,在实际调查中,分为以下三种情况:

(1)已登记发证的,如铁路、公路、管道用地等,须严格按登记资料确定线状地物的范围界线、地类和权属性质,将线状地物标绘在调查工作底图上或在内业直接标绘在土地利用现状图上。

(2)未登记发证的,首先应对其进行确权,按确权后的线状地物范围界线、地类和权属性质进行调查。

(3)在短期内难以确权的,为了不影响调查的整体进度,可暂时按线状地物用地现状范围进行调查,待确权后,再对调查结果进行调整。

(二)狭长地类

在实际调查中,经常会遇到宽度小于图上2 mm,类似于线状地物的其他狭长地类,如狭长的耕地、园地、草地等,应按下列原则处理:

(1)当狭长地类面积小于最小上图标准面积时,可综合到相邻地类中,不进行单独调查。综合时尽可能不要综合到耕地地类中。

(2)当狭长地类面积大于最小上图标准面积时,可以按零星地物的调查方法,在狭长地类中心位置,打点注记。实地丈量其面积并记录在《土地调查记录手簿》(见表2-7)上,内业面积量算时扣除。

(三)线状地物范围的确定、表示与要求

以图斑表示线状地物的面积由图上量算获得;单线线状地物在图上呈单线线性形状,其面积由在实地实量线状地物宽度乘以在图上量算的线状地物长度计算获得。在内业沿着影像在图上量算。实地线状地物宽窄不一、形状复杂,其两侧地物也不一致,造成调绘在图上

的宽度范围、实地量测的宽度值会有不同结果。因此,线状地物宽度范围的确定,是影响其面积准确性和精度的主要因素。为了保证线状地物面积的准确性和精度,统一规定线状地物宽度范围的确定方法和要求是十分必要的。

二、新增地物补测

为了保持图件的现势性而进行的野外测量,称为补测。当地物、地貌变化范围不大时,采用补测;当其变化范围超过1/3时,则需重测或重摄。补测可在航片上,也可在工作底图上进行。在具有近期大比例尺地形图或像片平面图和影像图的条件下,最好直接补测在图上,通常外业补测与外业调绘结合进行。

(1)补测地物点对四周明显地物点位置的中误差,平地、丘陵地不得超过图上0.8 mm,山地不得超过1.2 mm。

(2)一般采用单张航摄像片测图或平板仪测图的方法补测,也可采用截距法、距离交会法、直角或极坐标法等,但必须满足上述精度要求。

(3)依比例尺标绘的地物,需测定地物的边线;不依比例尺(或半依比例尺)标绘的地物,需测定地物的中心点(线)位置。

活动五　外业调绘手簿的填写

资源与器材:正射影像图、多媒体、不同颜色的笔、钢尺。

本活动主要让学生讨论如何填写外业调绘手簿。根据影像图和土地利用分类标准,填写表2-7。

表2-7　地类调绘手簿

图幅号:　　　　航片号:　　　　×××村

<table>
<tr><th rowspan="2">地类编号</th><th rowspan="2">地类名称</th><th rowspan="2">地类号</th><th rowspan="2">权属</th><th rowspan="2">临时图斑号</th><th rowspan="2">土地利用状况</th><th colspan="4">线状地物</th><th colspan="4">零星地类</th><th colspan="4">飞地记载</th><th>备注</th></tr>
<tr><th>名称</th><th>实宽(m)</th><th>长度(m)</th><th>面积(亩)</th><th>名称</th><th>地类号</th><th>权属</th><th>面积(亩)</th><th>名称</th><th>地类号</th><th>权属</th><th>面积(亩)</th><th rowspan="2">1. 线状地物的宽度变化大时应分段实地丈量,其长度在地形图或影像平面图上量取。
2. 零星地类记载小于地形图上最小图斑面积的各种地类。
3. 各地可根据实际需要填写土地利用状况。如作物种植状况、耕作制度、灌溉方式、植被、地貌等</th></tr>
<tr><td></td><td></td><td></td><td></td><td></td><td></td><td></td><td></td><td></td><td></td><td></td><td></td><td></td><td></td><td></td><td></td><td></td><td></td></tr>
</table>

【知识导航】

关于地类调绘手簿的填写：

(1)序号：按一幅图中在野外调绘工作进行的顺序用阿拉伯数字依次填写，不得出现重号。

(2)图斑号：是在外业地类调绘中对地类图斑所做的临时编号，规定在1∶10 000地形图图幅中，以权属单元为单位，按顺序依次编号。

(3)地类：将地类名称和相应地类编号填入。

(4)权属：填写权属单位名称，权属性质填在备注栏中。

(5)线状地物：上图的，应记录其工作序号、所在图斑号及该图斑的地类号、本身名称、宽度、面积等；不够上图的，除按照上图的线状地物记录要求外，还应注其实量长度(一般在图上量)。

(6)飞地：除应填写其所在图斑的编号、序号、地类名称、地类编号和权属外，还应填写飞地自身的地类名称、地类编号、权属和面积。若飞地面积较大，应自成图斑，其编号顺序按飞地所在地块的编号进行。

活动六　田坎系数测算

资源与器材：正射影像图、多媒体、直尺。

本活动主要让学生认识田坎，会在图2-5所示调查底图上量取并计算田坎面积，并填写表2-8。

图2-5　局部影像图

表 2-8　样方田坎系数测算表

区：　组：　样方编号：　县：　乡：　村：　图幅号：

耕地类型：　坡度级：　单位：m^2(0.0)、m(0.0)

田坎				其他线状地物			
编号	长	宽	面积	编号	长	宽	面积
1	2	3	4	5	6	7	8
合计				合计			
样方面积：				田坎系数：			
草图：				备注：			

量测人：　日期：　检查人：　日期：　第　页共　页

【知识导航】

一、田坎系数

耕地中宽度大于1(北方)~2 m(南方)的梯田岸坎称为田坎。

田坎系数是指田坎面积占扣除其他线状地物后耕地图斑面积的比例(%)。

田坎系数的大小随着耕地所处位置(丘陵、山区)、耕地类型(梯田、坡耕地)和利用方式(水田、旱地)等的差异而不同。一般规律是，耕地所在的地面坡度越大田坎系数越大，旱地比水田的田坎系数大，梯田比坡耕地的田坎系数大，山区比丘陵的田坎系数大。

二、田坎系数测算要求

《地籍调查规程》(TD/T 1001—2012)中规定，当耕地坡度大于2°时，可测算耕地田坎系数，用系数的方法扣除田坎面积；对坡度小于等于2°的耕地中的田坎，不允许采用系数的方法扣除，必须外业实地量测，逐条调绘在调查底图上，内业面积量算时逐条扣除。

田坎系数由省(区、市)统一组织测算，由省级土地调查办公室制订本省田坎系数测算方案，报全国土地调查办批复后，统一组织测算，测算结果是检查验收内容之一。

测算时应按耕地分布、地形地貌相似性等特征，对完整省(区、市)辖区分区。区内按不同坡度级和梯田、坡地类型分组，选择样方测算系数；样方应均匀分布，数量不少于30个，单个样方不小于0.4 hm^2(6亩)。

三、田坎系数测算方法

(一)分区

对于完整省(区、市)辖区，按地貌类型划分为丘陵、山区、高山区不同的地貌类型区域。

分区时尽可能不打破完整县或乡辖区。特殊地区,可进一步细分地貌类型区域。地貌分区如表 2-9 所示。

表 2-9　地貌分区

名称	绝对高度(m)	相对高度(m)	地貌特征
丘陵	—	<200	没有山脉形体,低岭宽谷
山区	<3 500	<1 000	有山脉形体,但分割破碎
高山区	>3 500	>1 000	峰尖、坡陡、谷深、山高

(二)分组

在每个区内,再根据不同的坡度级和耕地类型组合进行分组,如表 2-10 所示。

表 2-10　地貌分组

地貌类型	地面坡度							
	2°~6°		>6°~15°		>15°~25°		>25°	
	梯田	坡地	梯田	坡地	梯田	坡地	梯田	坡地
丘陵	1(1)组	1(2)组	1(3)组	1(4)组	1(5)组	1(6)组	1(7)组	1(8)组
山区	2(1)组	2(2)组	2(3)组	2(4)组	2(5)组	2(6)组	2(7)组	2(8)组
高山区	3(1)组	3(2)组	3(3)组	3(4)组	3(5)组	3(6)组	3(7)组	3(8)组

(三)确定样方

在每个组内,布设不少于 30 个均匀分布的样方,单个样方面积不小于 0.4 hm^2(6 亩)。样方一般为完整的耕地图斑。布设的样方须在调查底图上标注,同一组的样方从影像上看地貌及耕地纹理应基本一致。

(四)田坎测量

在确定的样方内,实地丈量南方≥1.0 m、北方≥2.0 m 每一条田坎的长度和宽度,按长乘以宽计算每一条田坎面积。若影像清晰,田坎长度也可在调查底图上量取。当某条田坎的宽度不均匀时,须分段丈量宽度,分别计算田坎面积。

将每一条田坎的长度、宽度和计算的田坎面积,填写在"样方田坎系数测算表"上。

(五)田坎系数计算

实测样方中的田坎面积,计算样方田坎系数,即样方中田坎面积占扣除其他线状地物后样方面积的比例(%)。样方面积一般采用样方耕地图斑面积。

$$\text{样方田坎系数}=\frac{\text{样方中田坎面积合计}}{\text{样方耕地图斑面积}-\text{其他线状地物面积合计}}\times 100\%$$

计算每一个样方的田坎系数,将计算结果填写在"样方田坎系数测算表"中。

(六)平均田坎系数计算

为了保证同一组样方田坎系数的准确性和具有代表性,同一组样方各田坎系数应在一定区间内。当同组样方田坎系数相对集中、最大值不超过最小值的30%时,取其算术平均数作为该组耕地的田坎系数。对本组内不符合要求的田坎系数,应剔除,查找原因或重新选择样方。

(七)田坎面积扣除

根据每一组平均田坎系数所代表的区域类型、耕地图斑所处的地貌区域、坡度和耕地类型选择相应的田坎系数,用于田坎面积扣除。扣除时应分坡度、分耕地类型计算每一块耕地图斑的田坎面积,并在该图斑面积中扣除。

田坎面积必须按图斑扣除,不允许以村、乡、县等区域整体扣除。将扣除的田坎面积填写在相应表格。

(八)检查验收

检查验收的主要内容包括:成果是否齐全,样方的地貌类型和耕地坡度级划分是否正确,样方是否有代表性,样方数量和每一个样方面积是否符合要求。实地抽查田坎丈量是否正确,平均田坎系数计算是否正确,田坎系数样图制作是否符合要求,田坎面积扣除方法是否正确等。

任务三　内业工作

任务目标:

1. 掌握数据编辑、图形编辑。
2. 熟悉数据接边和图形整饰。

学习过程:

上机操作。

活动一　内业数据采集与处理

资源与器材:正射影像图、多媒体、直尺。

本活动主要根据影像图,让学生熟悉在CASS系统下,进行数据编辑、图形编辑、数据接边、图形整饰的过程。该活动需要完成以下工作:

(1)将影像图026－472插入到CASS,打开CASS:选择工具—光栅文件—插入图像。

方法一:

首先画一图框,西南角坐标为(472000,4026000),将影像图026－472按在屏幕上指定点,插入到CASS,打开CASS,步骤为:选择工具—光栅文件—插入图像—附着—选择图像文件—打开—在屏幕上指定—缩放比例,比例因子为1∶1 000。

方法二:

直接输入坐标指定影像位置,选择工具—光栅文件—插入图像—附着—选择图像文件—打开—插入点—在屏幕上指定—输入西南角坐标。

(2)熟悉CASS土地利用下的各个命令。重点是图斑、线状地物、地类要素属性修改。

(3)每人任意画出三个地类不同的图斑,三条类型不同的线状地物,练习并依次修改。

(4)打开北博庄村界图,将影像图026－472插入到CASS,根据北博庄调查底图成果,绘制土地利用现状图。注意:①与图框相邻的图斑,将对象捕捉里的最近点打开,最好把端点也打开。②单个图斑画完后,C + 空格键闭合。③相邻图斑,重复部分不再重复走线,与图斑不相邻部分走线完之后,直接单击右键闭合。

【知识导航】

一、数据采集及图形编辑

(一)地类图斑的采集编辑

可在测量控制点、村界线、线状地物文件的基础上继续采集地类图斑,此时不用采集与线状地物和界线重合的地方,只需把与线状地物和界线重合的地方用拷贝方法生成即可。因此,只需要采集没有与线状地物和界线重合的地方就可以了。村内的图斑边线采集完毕后,把图斑边线构成面状的地类图斑;接着可以进行输入属性工作,其中输入的有地类编码、权属性质等属性,然后把地类图斑保存至文件名为"村名 + 地类图斑边界"的文件。

为了充分利用第一次土地调查、土地利用更新调查等调查成果,对已有的数据和资料进行相应的处理,合理继承可用数据和资料,如图斑的地类和范围、权属单位代码等;地类图斑要素采集应以 DOM 影像特征为依据,原有土地利用地类图斑和线状地物等界线可根据情况使用;要素不得自相交和重复数字化;在完成编辑、修改后,所有数据层数据结构应符合建立拓扑关系的要求。应注意以下几点:

(1)由于是按照村的模式来采集数据的,所以采集完后需要进行权属单位接边处理。

(2)图斑最小上图面积:城镇、村及工矿用地为图上 4.0 mm^2,耕地、园地为图上 6.0 mm^2,林地、草地等其他地类为图上 15 mm^2。

(3)地类编码和名称按《土地利用现状分类》(GB/T 21010—2007)执行。

(4)图斑以村为单位统一顺序编号,变更图斑号在本村最大图斑号后续编。

(5)依据调查底图、外业调查成果及相关资料,确定地类界线。

(6)当地类图斑为飞入地时, 实际坐落单位的代码不同于权属单位的代码。

(7)对原土地利用数据库中的地类界线位置不准确、影像不够清晰、地类界线不全、地类界线遗漏等情况,需记录下来后去外业补测回来采集。

(8)对影像没有显示或影像不够清晰或者由于比例尺比较小室内无法直接解译以及被阴影、云影所遮盖而未成像的地类或界线,又够面积上图单独画斑的,需要按其位置、形状、范围补测到调查底图上。地类图斑采集完毕后,把地类图斑数据保存至文件名为"村名 + 地类图斑边界"的文件。

(二)线状地物的采集与编辑

可在测量控制点、村界线文件的基础上继续采集线状地物,当线状地物采集完成后可对线状地物进行属性输入,在此可输入线状地物编号、地类编码、地类名称、宽度(如线状地物权属为国有,应将线状地物权属改为国有),因权属单位可通过村界线文件统一赋值,然后把地类图斑保存至文件名为"村名 + 线状地物"的文件。应注意的地方有:

(1)线状地物遇到行政界线或图斑边界交接点需断开。

(2)同地类线状地物宽度变化大于 20% 时,需分段采集。

(3)同一宽度的线状地物部分与行政界线重叠时,需要分段采集。

(4)线状地物采集过程中如果是单线的线状地物,且影像比较清晰的可根据影像进行采集,采集影像的中心线。

(5)水系的线状地物应按水流方向进行采集。

(6)线状地物宽度大于等于 2 mm 的,按照图斑调查,线状地物宽度小于图上 2 mm 的,采集中心线,用单线符号表示,称为单线线状地物。

(7)采集线状地物后要输入线状地物的宽度和权属性质等信息。

(8)桥梁、河流、道路之间的关系处理好。

(9)对原土地利用数据库中的线状地物宽度不准确的、线状地物不全、线状地物遗漏等情况,需记录下来后去外业补测。

(10)影像没有显示或影像不够清晰,或者由于比例尺比较小无法直接解译以及被阴影、云影所遮盖而未成像的地物,需要表示的,按其位置、形状、范围补测到调查底图上。

(11)线状地物的权属单位代码 1 为必填,当该线状地物属两侧的单位共同所有时,权属单位代码 2 为必填。

(12)线状地物的扣除图斑编号 1 为必填,当线状地物需要从两个图斑扣除面积时,扣除图斑编号 2 为必填,扣除比例为 0.5。否则,扣除图斑编号 2 为空,扣除比例为 1。

(13)线状地物采集完毕后,把线状地物数据保存至文件名为"村名 + 线状地物"的文件。

(三)零星地物的采集与编辑

可在测量控制点、村界线、线状地物、地类图斑文件的基础上继续采集零星地物,村内的零星地物采集完毕后,可以进行输入属性工作,其中输入的有地类编码、权属性质等属性,然后把零星地物保存至文件名为"村名 + 零星地物"的文件。

(1)零星地物在二次调查中原则上可不调查,各地区可根据实际情况决定是否进行调查。

(2)只对耕地中的非耕地、非耕地中的耕地且实地面积大于 100 m^2(0.15 亩)的零星地物进行调查和实地丈量其面积。将面积记载在《农村土地调查记录手簿》上,内业面积量算时扣除。

需要注意的是:不管用什么软件,在做数据过程中都应记得随时保存,由于数据量比较大,所以一定要经常保存数据,避免数据丢失。以上工作必须严格按照《第二次全国土地调查技术规程》(TD/T 1014—2007)及《土地利用数据库标准》(TD/T 1016—2007)的要求进行。

二、数据接边

数据接边要求,不同行政区域之间、不同图幅之间的图形应严格进行全要素图形与属性数据的接边。当明显地物接边误差小于图上 0.6 mm 时,不明显地物接边误差小于图上 2.0 mm 时,直接按照影像接边,否则到实地核实后再接边。地类属性不接边时,双方应到实地核实确认地类。

三、图幅整饰

图幅整饰要求按照土地利用现状分类调查的相关规定进行图幅图廓整饰,形成最终的土地利用现状分类调查成果图。

任务四　编写土地利用现状调查的工作报告

任务目标：

会编写土地利用调查的工作报告。

活动一　编写土地利用现状调查的工作报告

资源与器材：技术设计书、原始调查图件及《农村土地调查记录手簿》、新增地物补测原始记录数据。

请根据该项目任务工作过程编写土地利用调查的工作报告。

【知识导航】

土地利用现状调查报告是现状调查的真实文字记录，是极重要的成果资料之一，要求对整个调查工作进行系统的工作总结和技术性的总结探讨。编写的报告不仅对全面、系统、科学地管理土地具有重要意义，而且对编制国民经济计划、充实和发展土地科学、培养土地科学人才都有重要影响。

一、编写要求

乡级要编写土地利用现状调查说明书，县级要编写调查报告。县级调查报告应着重归纳土地利用现状调查成果，分析土地利用的特点，并从宏观上提出开发、利用、整治、保护土地的意见。调查报告的内容应充实，文句要通顺，尽量做到文、表、图并用。

二、乡级调查说明书的内容

乡级调查说明书主要叙述全乡概况、各类土地面积及分布状况、利用特征及问题、土地权属问题等。文后附调查人员名单及在调查中承担的任务。

三、县级土地利用现状调查报告的内容

（1）自然与社会经济概况。包括调查区的地理位置及行政区划、本县行政区域形成的历史沿革及行政区划变化情况。进行外业调绘时，还包括本县所辖区、乡（镇）、场、村的自然条件与社会经济条件等。

（2）调查工作情况。包括调查工作的组织领导、调查队伍的组建与培训、工作计划与方法、执行规程的情况、技术资料的收集与应用、经费的筹集与使用、调查工作经验与存在的问题等。

（3）调查成果及质量分析。主要包括：各项调查成果名称并简介其内容；对土地利用调查及土地权属调查结果的分析，如各类土地的比重与分布，地界的调绘与补测等；对各项调查成果质量的评价，即精度分析；存在的问题及产生的原因等。

（4）土地合理开发利用、整治保护的途径及建议。包括土地利用结构、利用程度、利用水平，土地利用中存在的问题，合理开发、利用、整治、保护土地的途径及建议。

任务五　成果整理与提交

任务目标：

会整理土地利用现状调查整个过程需要提交的成果。

学习过程：

课件展示。

活动一　成果整理与提交

资源与器材：技术设计书、原始调查图件及农村土地调查记录手簿、新增地物补测原始记录数据。

请根据该项目任务整理需要提交的成果。

【知识导航】

土地调查成果主要包括数据成果、图件成果、相关文字成果、数据库成果等。

一、数据成果

(1)《农村土地调查记录手簿》。

(2)新增地物补测原始记录数据。

(3)各类土地分类面积数据。

(4)基本农田面积数据。

(5)不同坡度等级的耕地面积数据。

(6)城镇土地利用分类面积数据。

(7)各类土地的权属信息数据。

二、图件成果

(1)原始调查图件。

(2)各级土地利用现状图件。

(3)各级基本农田分布图件。

(4)城镇土地利用现状图件。

(5)土地权属界线图件。

三、文字成果

(一)综合报告

(1)土地调查工作报告。

(2)土地调查技术报告。

(3)土地调查成果分析报告。

(二)专题报告

基本农田状况分析报告。

四、数据库成果

形成集土地调查数据成果、图件成果和文字成果等内容为一体的各级土地调查数据库，主要包括：

(1)各级土地利用数据库。

(2)各级多源、多分辨率遥感影像数据库。

(3)各级基本农田数据库。

习 题

1. 土地利用现状调查包括哪些内容？
2. 地类调绘包括哪些内容？
3. 最小上图面积是如何规定的？
4. 什么是图斑？
5. 简述现状地物调绘的作业步骤。
6. 如何补测新增地物？
7. 什么是田坎系数？其计算依据是什么？

土地变更调查拓展知识

一、土地变更调查概述

土地变更调查是指县一级国土资源管理部门,根据上级下发的上时点土地利用现状数据库和遥感影像数据,在土地详查(及前一年度变更调查)成果和以前建立的初始地籍成果的基础上,采用一定的调查方法,对土地利用现状、土地权属及行政区划变化等土地变更的内容进行外业实地调查,获取变化地类图斑、土地权属(宗地)、行政区划数据,从而更新日常地籍图,生成变更增量数据包以及统计报表,实时对土地利用数据库更新和上报的过程。

土地变更调查是在土地利用现状调查的基础上,每年实施的变更调查。由于资料、技术、人员、行政等原因,变更调查不到位、精度低、数据不准、资料陈旧。鉴于以上原因,国家提出了要开展土地更新调查,并在用地审批、土地开发复垦整理项目立项、土地利用总体规划修编、集体土地所有权登记发证等工作中启用此项成果。

土地更新调查是指采用新的航空、航天资料制作的正射影像图等资料,以详查成果为基础,参考变更调查成果,以信息技术和空间技术为主要手段,结合实地调查,全面查清土地利用的现状,建立土地利用更新调查数据库及信息系统,汇总、统计各类土地数据,满足社会、经济发展和国土资源管理对土地变更调查数据的要求。

土地变更调查工作实施流程见图1。

二、准备工作

(一)明确职责,制订工作方案

土地变更调查工作,一直强调日常变更和集中变更相结合,做到月清季累年统计。日常工作中与用地审批、耕地保护、执法监察等内部科室及乡镇土地所建立联系制度,做到变化一宗,及时变更一宗。集中变更是指按照统一部署、统一组织专业队伍有计划、有组织进行的变更。

(二)技术培训

按照国家要求,采用课堂讲授和现场实习相结合的方式,对所有参与调查人员进行培训,既要学习变更调查的专业知识,更要学习每年的政策要求,统一方法、统一要求、统一成果格式。

(三)图件、资料准备

外业调查需收集影像图、土地利用现状图(薄膜图、晒蓝图等)、航片等图件,还要收集用地审批、土地开发复垦、违法占地等资料。

三、外业调查

(一)外业调查方法

根据各地的具体情况,因地制宜地选择外业调查方法。

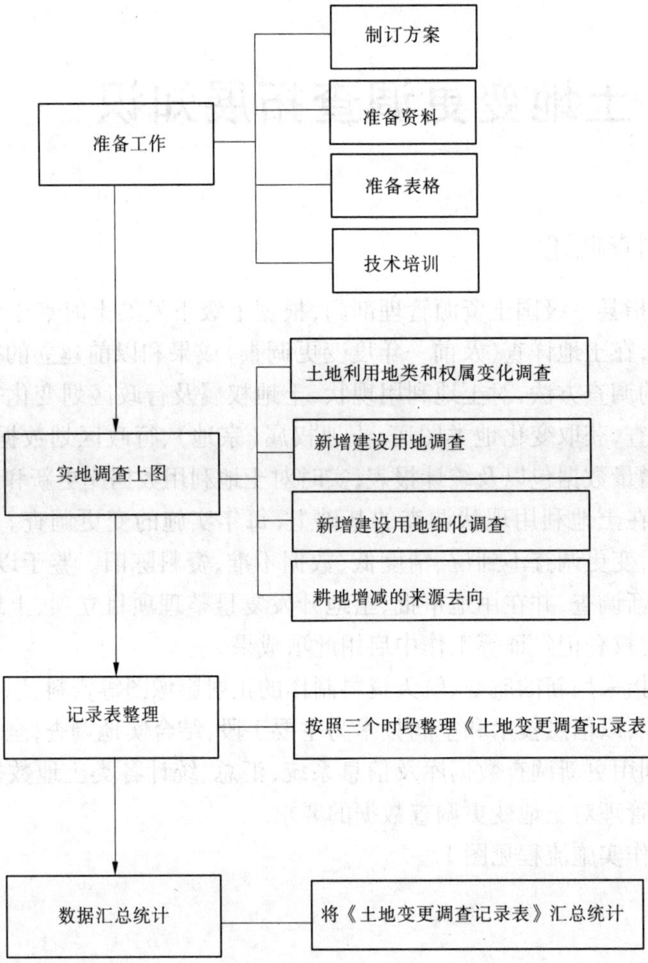

图1　土地变更调查流程图

对于能按时接收到国家遥感监测影像成果的地区,依据制作的土地变更调查底图,对照实地现状,逐地块对内业解译的变化图斑及属性信息进行全面核实、调整和补充调查,予以确认。确认和补测的信息,作为更新土地调查数据库的依据;对于提供的影像不清晰或影像未反映的新增地物,根据本地区实际情况,可采用实测坐标法、直接补测法、间接补测法等多种补测方法开展补充调查,详细记录变化图斑的形状、范围以及变化地类等内容。

对于未按期接收到遥感监测影像成果的地区,依据上年度调查标准时点数据库,套合标准时点影像,结合本地区年度土地利用审批等情况资料,加大外业调查力度,实地调绘每一块变化地块的范围、形状,现场详细记录变化地块的地类属性等信息。

常用的调查方法主要有:综合调绘法、简易补测法、数字补测法、航片补调法、影像平面图补调法。

(二)外业调查实施

1. 实地调查内容

根据土地变更调查的有关规定,实地查清年度土地利用中新增地物、实地发生变化的地类、实地与土地利用现状图不一致或发生变化的权属(包括权属性质发生变化)等。将变更图斑标绘在土地变更调查底图上，并按要求将变更相关属性如实填写在《土地变更调查记录表》中。变更图斑面积在调查数据库中量算。

（1）耕地变化情况。

①新增耕地来源：依据土地整理复垦开发的有关材料，确定新增耕地的来源类型，具体分为：土地整理、土地复垦、土地开发、其他原因增加。土地整理、土地复垦、土地开发增加的耕地为本年度补充耕地。

②新增耕地坡度：依据利用 DEM（数字地面高程模型）制作的坡度图与土地利用现状图套合，确定新增耕地坡度分级，同时对坡度大于 2°的耕地，区分梯田和坡地。填写变更调查记录表相应栏目。

③可视为补充耕地的园地：年度内将闲置的建设用地、未利用地开发整理成园地，并经土地和农业等相关部门共同认定能调整成耕地的，作为“可视为补充耕地的园地”，在相应属性表中加“KB”记录。

④可调整地类：对于因农业结构调整导致耕地变更为园地、林地、草地以及坑塘等农用地，且耕作层未破坏的，可认定为可调整地类，包括：可调整果园、可调整茶园、可调整其他园地、可调整有林地、可调整其他林地、可调整人工牧草地、可调整坑塘水面。

（2）建设用地变化情况。

对于建设用地变化情况，要重点掌握：一是往年“批而未用”土地建设情况；二是本年度新增建设用地情况（分为本年批准本年建设、本年批准尚未建设、本年未批先建三种类型），并开展建设用地细化分类的调查。

实地建设以施工人员进入、工棚已修建、塔吊等建筑设备已到位或地基已开挖为标志，同时包括为实施建设而进行的土地平整。

①“批而未用”土地建设情况：对上年度调查统一时点数据库中，作为建设用地的“批而未用”土地，当年实地已建设，应按照土地利用现状，更改标注为“PJ”。此部分不属于当年新增建设用地。

②本年批准本年建设情况：对当年已办理合法用地手续，实地已建设的土地，按实地现状调查为建设用地，填写本年批准本年建设（B）。

③本年批准尚未建设情况：对当年已办理合法用地手续，实地尚未建设的土地，按批准用途变更为建设用地，填写本年批准尚未建设（P）。

④本年未批先建情况：对于实地已建设，但未取得合法用地手续，按照实地现状调查为建设用地，填写本年未批先建（W）。

⑤新增建设用地细化调查：对年度新增建设用地中的城市、建制镇、村庄、采矿用地，以及风景名胜及特殊用地，按照《土地利用现状分类》国家标准规定的分类，填写新增建设用地细化类型统计表。

细化调查的各地类面积之和须等于土地变更调查“城市、建制镇、村庄及采矿用地”的图斑面积。细化调查图斑不需在变更调查底图上标绘，细化调查面积数据仅用于本年度土地变更调查的数据汇总分析。在调查中，对实际用途不明、认定细化分类有困难的新增建设用地，参照规划或设计用途来确定其细化地类。

（3）基本农田情况。

结合土地利用总体规划图，完成基本农田上图成果更新工作，通过土地利用图斑层与基本农田图斑层空间叠加，统计汇总本年度基本农田各地类面积情况。

2. 填写《土地变更调查记录表》

《土地变更调查记录表》包含了所有变更图斑的具体变化情况，是记录土地权属和地类变化及相关信息的唯一原始资料，是土地调查数据库更新的唯一数据源。按照《土地变更调查记录表》的填表具体说明，翔实记录实地调查情况。

3. 调查程序

调查程序包括准备工作、图件判读、实地核实、勘丈、绘制草图、内业整理等过程。

四、变更调查内业工作

(1)图件的清绘与整理。要求准确、清晰、美观。

(2)面积量算。要求方法得当，计算准确，认真核对。

(3)填写变更调查记录表。

(4)填写变更调查一览表(根据地类变更部分填写)。

(5)土地统计台账冲销。根据《土地变更调查记录表》中的"变更前图斑"和"变更后图斑"进行冲销。

土地统计台账在乡镇范围内以村、用地单位、建设项目名称为单位，以图斑为单元建立。

一般每个乡镇建立三本台账，分别为《本乡(镇)集体土地统计台账》《外乡镇(县、市)飞地统计台账》《国有土地统计台账》。台账内容包括序号、图斑号、地类、所在图幅号、图斑面积及分类面积。

(6)填写土地利用现状变更表及统计簿。

(7)整理上报成果：

①分县逐级汇总的土地利用现状变更表；

②分县逐级汇总的农村土地利用现状一级分类按权属性质统计汇总表；

③分县逐级汇总的耕地坡度分级面积统计汇总表；

④分县逐级汇总的基本农田面积统计汇总表；

⑤分县逐级汇总的可调整地类面积统计汇总表；

⑥分县逐级汇总的建设用地类型面积统计汇总表；

⑦分县逐级汇总的新增建设用地细化调查面积统计汇总表；

⑧分县逐级汇总的新增耕地来源类型统计汇总表；

⑨变更调查更新数据包；

⑩土地利用变化情况分析报告。

五、几个问题说明

(一)关于新增建设用地调查

(1)对于已经依法批准建设，而实地未发生变化的土地，按批准用途变更为建设用地，并确定细化的二、三级地类，填写新增建设用地类型为本年批准尚未建设(P)。

(2)正在施工中的新增建设用地，实际用途不明、认定细化分类有困难时，按批准用途来确定细化的二、三级地类。

(3)建设用地细化地类调查只针对新增建设用地部分。对已有建设用地不进行细化地类调查。

(二)关于土地开发、复垦、整理调查

在土地变更调查中,土地开发项目将未利用地变为耕地的,通过土地复垦项目恢复成耕地的,通过土地整理项目变成耕地的,都要经过土地部门组织验收后方可作为增加耕地变更统计。农民自主开发复垦整理的耕地,按实地土地利用现状进行变更,但不作为土地开发复垦整理增加耕地进行统计。撂荒耕地一律按耕地进行统计汇总。

(三)关于农业结构调整调查

农业结构调整是指农用地中改变原有种植业、林业、牧业、水产养殖业、副业等在农业生产中所占的比例。

在土地变更调查中,因种植效益原因由耕地改为园地、林地、牧草地、畜禽饲养地、设施农业用地、养殖水面的,为农业结构调整范畴,反之也是如此。属可调整地类的,按可调整地类调查、汇总。

(四)关于生态退耕调查

生态退耕是指因生态环境建设需要,国家有计划、有步骤地退耕还林、还草、还湖的耕地。

(五)关于灾毁耕地调查

灾毁耕地是指因水冲、沙压、山崩、泥石流、沟蚀、地震等自然灾害破坏,不能恢复耕种的耕地,按灾毁耕地调查、汇总,并在分析报告中进行说明。

(六)关于可视为补充耕地的园地调查

将闲置的建设用地、未利用地开发整理成园地,经过土地部门组织验收认定后,作为补充耕地的园地,按可调整地类调查、汇总,即按园地带K地类上图、汇总。

(七)关于农用地变更为未利用地

除因突发性灾毁外,原则上不允许将农用地变更为未利用地。由于长期气候等因素,土地利用现状属实,且较大面积确需变更的,须在变更调查工作开展前,向国土资源部提出专项申请并上报相关材料,包括标准分幅土地利用现状图、拟变更地类统计表、相关部门论证意见及有关情况说明等,经国土资源部审查通过后,方可纳入到年度土地变更调查中。

(八)关于灾区变更调查

(1)因灾害导致耕地整体灭失、塌陷或被掩埋,不能恢复耕种的耕地,在今年的变更调查中变更为未利用土地;耕地耕作条件破损,仍可继续耕种的,按原地类调查,不进行变更。

(2)因灾害导致村庄、城镇、独立工矿、道路、水工建筑等整体塌陷或被掩埋,不能再作为建设用地使用的,在今年的变更调查中,变更为未利用地;其他仅地上建筑物、构筑物损坏、倒塌的,仍按原地类调查,不进行变更。

(3)灾区用于抢险救灾和应急安置用地(交通、电力、通信、供水、医疗、卫生防疫、临时安置房、过渡安置房等),在今年的变更调查中仍按原地类调查,不变更为建设用地,但要作为临时用地进行调查统计,填写《灾区抢险救灾和应急安置临时占用土地调查统计表》,并在分析报告中说明。

附:土地利用变化情况分析报告格式。

土地利用变化情况分析报告

一、报告题目。

《××省(区、市)________年度土地利用变化情况分析报告》。

二、主要内容。

(一)年末各地类规模和本年度各地类变化情况。

对年度末耕地、建设用地等地类的现有规模、分布等状况以及各地类的变化情况按时段进行说明,同时要结合实施生态退耕等原因,对辖区内的坡耕地数量按照坡度等级进行说明。

(二)耕地数量增减变化情况及分析。

1. 耕地减少去向分析。

(1)建设占用耕地状况。对本年度建设占用耕地的类型和数量,分以前批准、当年批准、批而未用和未批先建四种情况进行具体分析。

(2)农业结构调整占用耕地状况。对当年农业结构调整占用耕地的类型和面积进行具体分析。

(3)生态退耕状况。主要说明当年生态退耕的数量;当年"退耕还林工程"面积的计划数、完成数、验收数;退耕还林、还园、还草、还湖数量;当土地变更调查生态退耕面积数据与"退耕还林工程"面积数据差异较大时,分析差异原因。同时,要结合生态退耕分析辖区内坡耕地数量变化情况。

(4)灾毁耕地状况。主要说明灾毁耕地的原因、灾毁程度(可复垦和难以复垦)及分布区域,对地震灾区要专门说明分布和灾毁情况。

(5)其他原因造成耕地减少情况。

2. 耕地增加来源分析。

(1)分别说明土地开发、土地复垦、土地整理等增加耕地状况。

(2)说明农业结构调整变为耕地状况。

(3)其他增加耕地原因。

(4)可视为补充耕地的新增园地情况。

(三)建设用地增减变化情况分析。

1. 建设占用农用地、未利用地情况。对建设占用农用地、未利用地的类型和数量,分本年度以前批准本年建设、本年批准本年建设、本年批而未用、本年未批先建四种情况进行重点分析,建设占地规模要同历年数据进行对比。

2. 全省本年度"以租代征"的面积及分析。

3. 建设用地变为农用地和未利用地的类型、数量及分析。

4. 对建设占用农用地、耕地的数量与年度的土地利用计划执行情况进行分析,对差距较大的,要详细说明。

5. 新增建设用地按《土地分类(试行)》细化调查的二、三级地类分析。

6. 分析新增建设用地与本地区经济社会发展的关系,主要对 GDP 增减、固定资产投资规模和变化幅度等进行分析。

（四）耕地总量平衡、占补平衡及年度用地计划执行情况分析。

1. 耕地总量平衡状况。全省及各县市现有耕地数量同《土地利用规划》要求的耕地保有量进行对比分析。

2. 占补平衡状况。主要说明全省耕地占补平衡及按建设项目占补平衡的状况、主要做法和经验。

3. 存在的问题。

（五）未利用地改变为耕地、牧草地情况分析。同当年林业部门"荒山荒地造林计划"指标进行比较，说明差异和原因。

（六）检查抽查情况。

对本辖区内不少于1/4县级单位的检查、抽查情况，特别是对本省（区、市）耕地减少量和建设增加量位于前5名的县级单位分别进行实地抽查的情况。

（七）有关政策、措施和建议。

项目三　地籍控制测量

项目导航：

地籍控制测量是根据界址点和地籍图的精度要求，视测区范围的大小、测区内现存控制点的数量和等级情况，按测量的基本原则和精度要求进行技术设计、选点、埋石、野外观测、数据处理等测量工作。地籍控制测量一般只测定平面位置，但地形起伏较大时，可适当注记高程点。

学习目标：

1. 掌握地籍控制测量的分类，控制测量的等级和方法。
2. 掌握坐标系统的分类，根据已有的控制资料选用合适的坐标系统。
3. 掌握控制测量技术设计书的编写，控制点选点及点之记，GPS 数据处理，地籍控制测量技术总结编写。
4. 掌握地籍控制网加密的方法，掌握控制网加密各项技术指标。
5. 二级导线、图根导线的布设和施测，利用 RTK 进行图根点加密。

学习成果：

1. 地籍控制点点之记表格填写。
2. GPS 测量外业观测记录表格。
3. GPS 数据处理成果。
4. 编写地籍控制测量技术设计书。
5. 根据平差成果编写地籍控制测量技术总结。
6. 二级导线测量成果及实习报告。
7. 图根导线测量成果及实习报告。

任务一　确定地籍控制测量基准

任务目标：

1. 掌握地籍控制测量的分类，控制测量的等级和方法。
2. 掌握坐标系统的分类，根据已有的控制测量资料选用合适的坐标系统。

学习过程：

通过测区情况的介绍和背景知识的学习，以及测区已有控制资料，选择适合测区的坐标系统，采用何种类型的控制测量方法及等级。

活动一　确定地籍控制测量等级及类型

资源与器材:课件,测区介绍的视频录像以及影像资料。

根据课件演示影像图区域情况介绍,分组讨论采用何种控制测量方法及精度指标。

【知识导航】

地籍控制测量是根据界址点和地籍图的精度要求,视测区范围的大小、测区内现存控制点数量和等级等情况,按测量的基本原则和精度要求进行技术设计、选点、埋石、野外观测、数据处理等的测量工作。

地籍控制点是进行地籍测量和测绘地籍图的依据。地籍控制测量必须遵循从整体到局部、由高级到低级分级控制(或越级布网)的原则。

地籍控制测量分为地籍基本控制测量和地籍图根控制测量两种。地籍基本控制测量可采用三角网(锁)、测边网、导线网和 GPS 相对定位测量网进行施测,施测的地籍基本控制网点分为一、二、三、四等和一、二级。精度高的网点可作精度低的控制网的起算点。在等级地籍基本控制测量的基础上,地籍图根控制测量主要采用导线网和 GPS 相对定位测量网施测,施测的地籍图根控制网点分为一、二级。

地籍控制测量根据控制内容的不同,又分为地籍平面控制测量和地籍高程控制测量。

首级平面控制网的等级根据城镇地籍调查区域大小按表 3-1 来确定。

表 3-1　调查区范围与地籍平面控制网布设

调查区面积(km^2)	首级控制网		加密控制网	
	布设形式	等级	布设形式	等级
<60	GPS(导线)	E 级(一级)	GPS 或导线	一、二级导线
≥60	GPS	D 级	GPS 或导线	E 级或一、二级导线

一、地籍平面控制测量

地籍平面控制测量包括基本控制测量(首级控制、加密控制)和图根控制测量。城镇地籍首级平面控制网是城镇调查区范围内最高等级的地籍平面控制网,原则上在国家 A、B、C 高等级 GPS 大地控制点或二、三、四等大地控制点的基础上建立。城镇地籍加密平面控制网,应在已有的高等级控制点或 D、E 级 GPS 控制点的基础上,采用一、二级光电测距导线加密建立,其最弱点(相对于起算点)的点位中误差不得超过 ±5 cm。加密的控制点也可采用 GPS 快速静态测量方法施测。

二、高程控制测量

地籍高程控制测量以国家各等级水准点为起始数据,可采用四等或等外水准施测。

三、主要技术规定

对于四等控制网,规定其最弱相邻点的点位误差不大于 5 cm;对于四等以下各级平面控制，要求控制点点位中误差相对于起算点不大于5 cm；对于四等以上控制网，要求精度要保证下级网的加密要求，具体可参见表3-2的要求。

表3-2　各等级测距导线主要技术规定

等级	平均边长（km）	附合导线长度（km）	测距中误差（mm）	测角中误差（″）	导线全长相对闭合差	水平角观测测回数			方位角闭合差（″）
						DJ_1	DJ_2	DJ_6	
三等	3.0	15.0	±18	±1.5	1/60 000	8	12		$\pm 3\sqrt{n}$
四等	1.6	10.0	±18	±2.5	1/40 000	4	6		$\pm 5\sqrt{n}$
一级	0.3	3.6	±15	±5.0	1/14 000		2	6	$\pm 10\sqrt{n}$
二级	0.2	2.4	±12	±8.0	1/10 000		1	3	$\pm 16\sqrt{n}$

注： n 为导线转折角个数。当导线布设为网状时，结点与结点、结点与起始点间的导线长度不超过表中的附合导线长度的0.7倍。

各等级GPS相对定位测量的主要技术规定见表3-3和表3-4。

表3-3　各等级GPS相对定位测量的主要技术规定(1)

等级	平均边长 D(km)	GPS接收机性能	观测量	接收机标称精度优于(mm)	同步观测接收数量
二等	9	双频（或单频）	载波相位	$10+2\times10^{-6}D$	≥2
三等	5	双频（或单频）	载波相位	$10+3\times10^{-6}D$	≥2
四等	2	双频（或单频）	载波相位	$10+3\times10^{-6}D$	≥2
一级	0.5	双频（或单频）	载波相位	$10+3\times10^{-6}D$	≥2
二级	0.2	双频（或单频）	载波相位	$10+3\times10^{-6}D$	≥2

表3-4　各等级GPS相对定位测量的主要技术规定(2)

项目	等级				
	二等	三等	四等	一级	二级
卫星高度角(°)	≥15	≥15	≥15	≥15	≥15
有效观测卫星数(个)	≥6	≥4	≥4	≥3	≥3
时段中任一卫星有效观测时间(min)	≥20	≥15	≥15		
观测时间段数(个)	≥2	≥2	≥2		
观测时段长度(min)	≥90	≥60	≥60		
数据采样间隔(s)	15～60	15～60	15～60		
卫星观测值象限分布	3或1	2～4	2～4	2～4	2～4
点位几何图形强度因子(PDOP)	≤8	≤10	≤10	≤10	≤10

图根导线的边长已充分考虑复杂居民点的实际情况，目的是在控制点上能够直接测到界址点，对于特别隐蔽的地方，界址点离开控制点的距离也会约束在较短的范围内。图根导线技术参数如表 3-5 所示。

表 3-5　图根导线技术参数

等级	平均边长(m)	附合导线长度(km)	测角中误差(″)	导线全长相对闭合差	水平角观测测回数		方位角闭合差(″)	距离测回数
					DJ_2	DJ_6		
一级	120	1.2	±12	1/5 000	1	2	$\pm 24\sqrt{n}$	2
二级	70	0.7	±20	1/3 000	1	1	$\pm 40\sqrt{n}$	1

活动二　选择坐标系统

资源与器材：课件、测区已有控制资料。

根据课件中演示的影像图，结合测区收集的已有高等级控制资料，E 级 GPS 首级控制点 30 个，按规范标准要求，选择适合测区的坐标系统和高程系统。

【知识导航】

坐标系统的选择对于地籍测绘来讲是首要的重要工作。从长远和全局考虑，全国应采用统一的国家大地坐标系，并使城市控制网成为国家控制网中的一部分。但由于历史原因，考虑城市大比例尺地形图用户和市政工程施工放样的需要，我国各城市多数都先后建立起了自己独立的地区性的平面坐标系。为了充分利用现有的成果资料，保持地籍测绘成果的统一和共享，也为了使地籍测绘成果便于为多用途服务的目的，可以利用城市现有的地方平面坐标系统进行地籍测绘工作。而对于地籍测绘任务比较紧急、面积小于 25 km^2 的城镇和农村，也可采用独立坐标系。但在条件允许时，均应和国家坐标系联测，联测点数一般不少于 3 个，并均匀分布在控制网的外围，以保证坐标转换到国家坐标系时可求得较为可靠的转换参数。在地籍测绘项目中，通常要求按 1980 西安坐标系成果解算坐标，但由于各地所处位置 3°带中央子午线不同，当长度变形值相对精度大于1/40 000 时，就应使用地方坐标系，以过测区中心的子午线为中央子午线，确定坐标系统。

我国目前普遍使用的 1954 年北京坐标系、1980 西安坐标系和新 1954 年北京坐标系，是基于地面控制网测量成果建立的，在国家经济、国防建设和科学领域都发挥了重要作用，但随着时间的推移和科学技术的进步，这些坐标系已经不能适应新的要求。我国 1988 年建立的第二代地心坐标系——1988 年地心坐标系（GCS88），满足了我国远程武器和航天技术对地心坐标系的急需，但随着精确打击武器精度的提高和航天技术的发展，GCS88 已不能满足其精度要求。因此，战场准备、武器研制、航天技术、经济建设、科技发展等诸方面都迫切要求采用高精度地心坐标系。

随着国家GPS大地控制网平差和全国天文大地网与空间大地网联合平差二期工程的完成，建立了2000中国大地坐标系（CGCS2000，China Geodetic Coordinate System 2000），获得全国范围约50 000个优于0.3 m的高精度地心坐标成果。CGCS2000是我国新一代地心坐标系，自2008年7月1日由国务院批准启用，现已推广应用。

任务二　制订地籍首级控制测量技术方案

任务目标：

1. 掌握地籍首级控制测量方法。
2. 掌握地籍首级控制点选埋要求。
3. 掌握地籍首级控制测量施测方法。
4. 掌握地籍首级控制测量数据处理方法。

学习过程：

1. 以模拟测区首级控制测量为例，利用影像和已知控制点资料，在影像图上布设控制网。
2. 通过已有的GPS外业观测数据，上机实习，进行平差计算。
3. 编写地籍控制测量的技术设计和技术总结报告。

学习成果：

1. 地籍控制点点之记表格填写。
2. GPS测量外业观测记录表格。
3. GPS数据处理成果。
4. 地籍控制测量技术设计。
5. 地籍控制测量技术总结。

活动一　地籍控制网设计

资源与器材：课件、影像图、控制点数据。

根据提供的影像图，各组讨论设计该测区布设的控制网及技术指标。

【知识导航】

一、地籍控制网设计

地籍控制网设计是指根据测区地形情况、已有控制资料情况，确定控制网型、控制点等级、规格、施测方法及技术指标等的活动。

二、控制网布设方法

（一）常规大地测量法

1. 三角测量法

三角测量法是在地面上选定一系列待定点位1，2，…，构成三角形网状，观测的方向需通视，网中观测量是全部方向值，由这些方向值可计算出三角形的各内角。三角网中的元素包括方向、边长、方位和坐标。其中，起算元素包括已知坐标、边长和方位角；观测元素包括观测的所有方向；推算元素包括由起算元素和观测元素的平差值推算的网中各边边长、坐标方位角和各点坐标。

2. 三边测量及边角同测法

三边测量法的网形结构与三角测量法相同，只是观测量不是角度而是所有网中边长，内角通过三角形余弦定理计算得到；如果在测角的基础上加测全部或部分边长，则称为边角同测法。

3. 导线测量法

导线测量法是在地面上选定相邻点间通视的控制点 $A,B,C,\cdots$，连接成一条折线形状，直接测定各边边长和方向值，利用起算边推算各点坐标。

(二)现代定位新技术

1. GPS 测量

全球定位系统 GPS 可为用户提供精密的三维坐标、三维速度和时间信息。GPS 定位技术已广泛用于高精度的大地测量控制网；建立陆地海洋大地测量基准，进行海洋测绘和海岛陆地联测；监测地球板块运动和地壳形变；城市测量快速成图等方面。

2. 甚长基线干涉测量系统(VLBI)

甚长基线干涉测量系统(VLBI)是在甚长基线的两端(相距几千千米)，用射电望远镜，接收银河系或银河系以外的星体发出的无线电辐射信号，通过信号对比，根据干涉原理，直接测定基线长度和方向的一种空间技术。测定长度的相对精度可优于 10^{-6}，对测定射电源的空间位置，可达 $0.001''$，由于其定位精度高，在研究地球的极移、地球自转速率的周期变化、地球固体潮、大板块运动的相对速率和方向中广泛应用。

3. 惯性测量系统(INS)

惯性测量系统(INS)是利用惯导技术，同时获得经度、纬度、高程、方位角、重力异常和垂线偏差的一种新技术。利用惯性力学原理，在较远的两点之间，对装有惯性测量系统的运动载体从一个已知点到另一个待定点的加速度，分别沿三个正交的坐标轴方向进行两次积分，从而求定运动载体在三个坐标轴方向的坐标增量，进而求出待定点的位置和其他大地测量数据。

惯性测量系统的优点是完全自主式，在测量过程中不需要任何外界信号，点间也不需要通视，全天候、全能快速、机动灵活。缺点是价格昂贵，不便于检修。

活动二　地籍控制点选埋要求

资源与器材：课件、校园影像图。

在影像图上布设一、二级导线点，以校园内控制点为例，完成 D03、D04、D05、D06 点之记的制作。

【知识导航】

地籍平面控制点的主要作用是直接为地籍要素测绘服务,或者直接作测站用,或者用来发展测站点。而对于航空摄影测量来说,主要作像片控制点用。另外,还可以供恢复界址点用。

地籍控制测量的精度是以界址点的精度和地籍图的精度为依据制定的。根据《地籍测绘规范》的规定,地籍控制点相对于起算点的点位中误差不超过 ±0.05 m。

地籍平面控制点的密度与测区的大小、测区内界址点数量和精度及测区内地物地形情况有关,而与测图比例尺无直接关系,这是因为:在一个区域内,界址点的数量、要求的精度和测图比例尺都是固定的,且控制点的精度也与比例尺无关。因此,控制点的密度主要是为界址点测量服务的。依据《地籍测绘规范》,地籍控制点密度一般为城区每隔100 ~ 200 m一点,郊区或建筑物稀疏区每隔 200 ~ 400 m 一点,农村地区每隔 400 ~ 500 m 一点。

地籍控制点不仅需要埋设永久性的固定标志,同时应设置 3 个以上不同方向的保护点;保护点除作检查和恢复控制点点位之用外,也可作为测站点或连结点用。地籍控制点和保护点之间的相对点位误差不超过 ±0.01 m,控制点至保护点的距离一般不超过 20 m。

地籍控制点还需按照《地籍测绘规范》的要求绘制"地籍控制点点之记"。应在点之记略图上标绘控制点与保护点的点位和它们之间的相对关系,并记录有关数据,包括控制点与保护点的坐标和它们之间的几何关系数据,以便于寻找控制点的地下标志,且一旦控制点被破坏时能容易恢复其原来的准确位置。点之记中有 3 个点号,当生产作业时,若采用公里格网的统一编号有困难,可以填写生产作业过程中自编点号(作业点号),此时该点号和观测记录测量草图平差计算等作业过程中的点号保持一致;"公里格网内编号",按公里格网内统一编号填写;"旧点号"为其他单位或过去已测绘用过的点号。

地籍控制点设置保护点并要求填绘点之记,增加了测绘生产的工作量,不易为生产单位所接受,但这是保持整个地籍测绘系统长期稳定和准确可靠的基础,应予以特别重视。从长远和整体来讲,将会给地籍测绘、给其他用户,尤其是给地籍修测带来方便和效益。

地籍控制点点之记及点位略图见表 3-6。

表 3-6　一级导线点点之记

日期：　年　月　日　　　　绘图：　　　　校对：

<table>
<tr><td rowspan="10">一级导线点点之记</td><td>点名</td><td>I 023</td><td rowspan="2">土质</td><td colspan="2" rowspan="2">硬质路面</td></tr>
<tr><td>点号</td><td>I 023</td></tr>
<tr><td>等级</td><td>一级</td><td rowspan="2">标石说明</td><td colspan="2" rowspan="2">混凝土标石</td></tr>
<tr><td rowspan="7">通视点列表</td><td>I 024</td></tr>
<tr><td></td><td rowspan="3">旧点名</td><td colspan="2" rowspan="3"></td></tr>
<tr><td></td></tr>
<tr><td></td></tr>
<tr><td></td><td rowspan="3">坐标</td><td>平面坐标</td><td rowspan="3">高程</td></tr>
<tr><td></td><td>X：</td></tr>
<tr><td></td><td>Y：</td></tr>
</table>

续表 3-6

<table>
<tr><td colspan="2">所在地</td><td colspan="3">该点位于工业路和工业三路交叉口</td></tr>
<tr><td colspan="2">选点情况</td><td colspan="3">点位略图</td></tr>
<tr><td>单位</td><td colspan="3">××县国土资源局</td><td rowspan="4">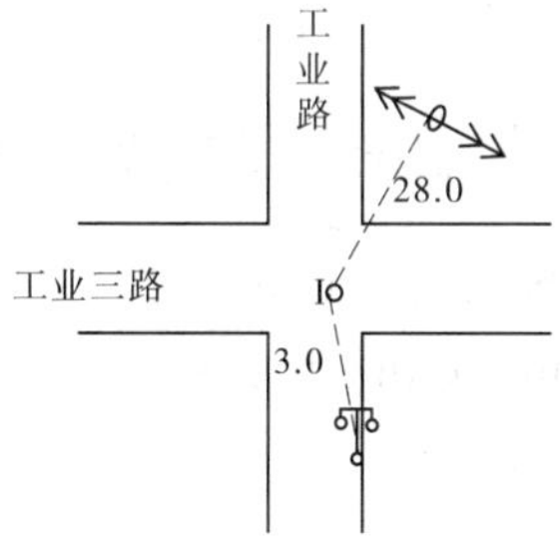
</td></tr>
<tr><td>选点员</td><td></td><td>日期</td><td>2014.11.1</td></tr>
<tr><td colspan="2">联测高程等级</td><td colspan="2">四等水准</td></tr>
<tr><td colspan="2">点位说明</td><td colspan="2">详见点位略图
距东北电线杆 28.0 m
距南路灯 3.0 m</td></tr>
</table>

活动三　地籍控制测量施测方法

资源与器材：课件。

以 GPS 定位测量为例，阐述案例中控制测量的方法、步骤。

【知识导航】

由于 GPS 定位技术的不断完善，其测绘速度、定位精度都优于目前的常规测量方法，所以 GPS 定位测量已成为地籍控制测量的主要手段。

利用 GPS 技术建立地籍控制网时，GPS 网点应布设成三角网形或导线网形，或者构成其他独立检核条件检核的图形。GPS 网点应与已有控制点进行联测，联测的点不应少于 3 个。

GPS 定位技术以其精度高、速度快、费用省、操作简便等优良特性被广泛应用于地籍控制测量中。应用 GPS 卫星定位技术建立的控制网叫 GPS 控制网(简称 GPS 网)。GPS 网可分为两大类:一类是全球或全国性的高精度 GPS 网,网中相邻点的距离在数千千米至上万千米,其主要任务是作为全球(或全国)高精度坐标框架,为全球性地球动力学和空间科学方面的科学研究工作服务,或用以研究地区性的板块运动或地壳形变规律等问题。另一类是区域性的 GPS 网,包括国家 C 、D、E 级 GPS 网或专为工程项目(如城镇地籍测量、水利枢纽、城市地铁、隧道等)布测的工程 GPS 网,这类网的特点是控制区域有 限(控制一个市或一个地区),边长短(一般从几百米到 20 km),观测时间短(从快速静态定位的几分钟至一两个小时)。

GPS 控制网测量与常规地面控制网测量相似,在实际工作中也可划分为方案设计、外业实施及内业数据处理三个阶段。

一、GPS 控制网方案设计

GPS 控制网技术设计的主要依据是《全球定位系统(GPS)测量规范》(GB/T 18314—2009)。在 GPS 控制网方案设计时,首先依据测量任务提交的 GPS 网的精度、密度和经济指标,结合规范(规程)规定并现场踏勘,具体确定各点间的连接方法,各点设站观测的次数、时段长短等布网观测方案。

二、GPS 控制网测量精度标准及分类

各类 GPS 控制网的精度设计主要取决于网的用途。用于地籍测绘的 GPS 控制网,可根据相邻点的距离和精度,参照《全球定位系统(GPS)测量规范》(GB/T 18314—2009)的规定执行,具体见表 3-7。

表 3-7　GPS 测量精度分级

等级	平均距离(km)	a(mm)	b	最弱边相对精度
二等	9	≤10	$\leq 2\times 10^{-6}D$	1/120 000
三等	5	≤10	$\leq 5\times 10^{-6}D$	1/80 000
四等	2	≤10	$\leq 10\times 10^{-6}D$	1/45 000
一级	1	≤10	$\leq 10\times 10^{-6}D$	1/20 000
二级	<1	≤15	$\leq 20\times 10^{-6}D$	1/10 000

注:当边长小于 200 m 时,以边长中误差小于 20 mm 来衡量。

利用 GPS 定位技术建立地籍控制网时,GPS 网点应布设成三角网形或导线网形,或者构成其他独立检核条件检核的图形。GPS 网点应与已有控制点进行联测,联测的点不应少于 3 个。其主要技术指标见表 3-3、表 3-4。

三、GPS 测量的外业实施

GPS 测量作业一般分为以下几个步骤。

(一)准备工作

(1)选用合适的 GPS 信号接收机。

(2)GPS 控制网的技术设计。

(3)观测计划的拟订。

(4)选择 GPS 作业模式。

(5)点位选择及要求:

①点位必须选在地基坚实、适合 GPS 观测并有利于长期保存的稳定区域,应避开地基松软的区域和预期的工程建设区。

②点位须远离大功率无线电发射源(如电视台、微波站等),其距离不得小于 200 m;远离高压输电线,其距离不得小于 50 m,控制点要尽量布设在四周开阔的区域,在地面高度角 15°内不应有成片的障碍物。

③点位应选择在交通方便、有利于安全作业和长期保存的地方。点位附近不应有大面积的水域或其他强烈干扰卫星信号接收的物体(如金属广告牌等)。

④点的布设应考虑到图形结构,尽可能地均匀分布,且有利于安置 GPS 接收机和与其他手段进行扩展及联测。

⑤为了便于常规测量仪器的使用,每点必须至少有 1 个通视方向。

⑥已有的旧控制点,符合四等 GPS 规定要求的,应充分利用,以减少埋石工作量。

⑦对 GPS 观测有特殊要求(如需升高天线,带大扳手卸觇标的标头,带强制对中装置的连接螺丝等)的应在点之记中加以说明。

⑧控制网的布设应充分考虑与已有二、三等 GPS 点及国家三等以上等级控制点的联测。

⑨控制网点的布设应完全覆盖测区,选点结束后应提交 GPS 网选点图。

(二)外业观测及技术要求

1. 观测前准备

(1)在控制点标石埋设完毕后,应有一定的沉降时间,使之稳固后再进行观测。

(2)GPS 接收机应进行鉴定。光学对中器应在作业前及作业中经常进行检验和校正。

(3)观测前应编制 GPS 卫星可见性预报表,研究所要观测点的最佳观测时间段,并制订观测计划。

(4)出发前应检查电池电量和接收机内存是否充分。

2. 外业观测的基本原则

(1)采用双频或单频 GPS 接收机进行测量。

(2)观测手簿中的内容在现场用铅笔认真填写,不得伪造、涂改。填错的内容可划改,正确的内容填写在划改内容的上方，划改的内容必须清楚地保留。

(3)正确量取天线高，并记入观测手簿中，天线高采取各观测时段的前后各量取一次，每次应从天线 3 个不同方向(间隔 120°)量取，两次量高误差≤3 mm，取其平均值，还应画出天线高量测的示意图。

(4)正确输入各项参数，存储数据的文件名命名合理。

(5)为了获取 1980 西安坐标系坐标，观测时还应联测 3 个以上具有 1980 西安坐标系成果的三等以上控制点，同时应与 D 级 GPS 三维大地控制网充分联测，以确保统一平差时，连接数据充分。

(6)数据采集采用经过检验合格标称精度优于 $10\ \mathrm{mm} + 5 \times 10^{-6} D$ 的 3 台套以上接收机进行同步观测，采用静态定位模式。

(7)接收机观测期间应防止震动、移动，严禁人和物体靠近天线。

(8)应当站填写观测记录，记录要清晰、整洁，不允许事后补记或追记。

(9)接收机在观测期间，不应在旁边使用对讲机，雷雨时，不能进行观测。

(10)观测时应保证接收机工作正常、数据记录正确、数据及时导出，确保数据不丢失。原始观测数据严禁修改。

3. 数据采集

数据采集工作主要包括天线安置、观测作业和观测记录。

1)天线安置

正确地安置天线是实现精密定位的重要条件之一，其安置工作应符合下列要求：

(1)一般情况下，天线尽量利用脚架安置在标志中心的垂线方向上，直接对中。在特殊情况下，偏心观测时，归心元素应以解析法精确测定。

(2)需在觇标的基板上安置天线时，应先卸去觇标顶部，以防止对信号干扰，并将标石中心投影到基板上，作为安置天线的依据。

(3)GPS 点上建有寻常标时，应在安置天线前，先放倒觇标或采取其他措施，防止干扰卫星信号。

(4)天线定向标志线应指向正北，顾及当地磁偏角影响后，定向误差不应超过 ±5°，以减弱相位中心偏差的影响。

(5)天线底板上的圆水准器气泡必须居中。

(6)雷雨天气安置天线时，应注意将其底盘接地，雷雨过境时应暂停观测，并卸下天线，防止雷击。

天线安置后，应在各观测时段的前后各量天线高一次，两次结果之差不应超过 3 mm，并取其中数。所谓天线高，指天线的相位中心至测站点标志中心顶端的垂直距离。

2)观测作业

观测作业的主要任务是捕获 GPS 卫星信号，并对其进行跟踪、处理和量测，以获取定位信息和观测数据。观测要求如下：

（1）观测组必须按规定的时间作业，同步观测同一组卫星。

（2）经检查测站上各项联结无误，且接收机预置状态正确时，方可接通电源。

（3）每一观测时段，气象观测不少于 2 次，观测时段较长（超过 60 min）时应适当增加观测次数。

（4）观测期间要严防人员和其他物体碰动天线和阻挡信号。

（5）测站全部作业完成后，方可迁站。

3）观测记录

GPS 测量作业所获得的成果记录主要有以下两种形式：

（1）观测记录。

观测记录由接收机自动完成，均记录在存储介质上，其主要内容包括：

①载波相位观测值及相应的观测历元；

②GPS 卫星星历参数；

③实时绝对定位结果；

④测站控制信息及接收机工作状态信息。

（2）观测手簿。

观测手簿是在接收机启动前及观测过程中，由作业人员随时填写的，见表 3-8。其格式和内容具体要求见《全球定位系统（GPS）测量规范》（GB/T 18314—2009）。

4. 观测成果的检核

观测成果的外业检核是确保外业观测质量、实现预期定位精度的重要环节。所以，在外业观测结束后，必须在测区检核数据质量，以便及时发现不合格的成果，并根据情况采取补测或重测措施。

四、GPS 数据处理

GPS 接收机采集的数据是接收天线至卫星的距离和卫星星历等数据，而不是常规测量技术所得到的角度、距离和高差等。因此，要得到有实际意义的定位信息，还必须进行一系列的处理。

GPS 测量数据处理可以分为观测值的粗加工、预处理、基线向量解算（相对定位处理）和 GPS 基线向量网与地面网数据的联合处理等基本步骤。粗加工是将接收机采集的数据通过传输、分流、解译成相应的数据文件，并通过预处理将各类接收机的数据文件标准化，形成平差计算所需的文件。粗加工和预处理的主要目的是净化观测值，提高观测值的精度。基线向量解算是利用预处理后的数据求解接收机所在测站之间的坐标差，提供 GPS 基线向量网平差的观测值。经过一系列处理，各类数据文件化后就可以调用平差程序进行计算。目前，商用 GPS 基线向量网平差程序为 Geolab 软件包。平差计算完毕后，还应对成果进行分析，剔除一些粗差，对成果进行比较、检核，各项分析数据均满足 GPS 网的设计精度要求时，平差成果可以交付使用。

表 3-8 GPS 观测记录表

点号		点名		图幅编号	
观测员		记录员		观测日期	
接收机名称 及编号		天线类型 及其编号		存储介质 编号数据文件名	
近似纬度		近似经度		近似高程	
预热时间（BJ）		开始记录时间(BJ)		结束记录时间(BJ)	
站时段号		日时段号		点位略图	

天线高测定	测定方法及略图	
测前：　　测后：		
①		
②		
③		
均值：		

时间(UTC)	跟踪卫星号（PRN）	天气状况	纬度（°　′　″）	经度（°　′　″）	高程（m）

量测时间(BJ)							
干温(℃)							
湿温(℃)							
气压(Pa)							
记事							

活动四　地籍控制网数据处理

资源与器材：机房、模拟数据。

以模拟数据采用南方 GPS 数据处理软件及清华山维平差软件（导线测量）进行解算，并生成平差报告。

【知识导航】

一、概述

GPS 接收机采集记录的是 GPS 接收机天线至卫星伪距、载波相位和卫星星历等数据。如果采样间隔为 20 s，则每 20 s 记录一组观测值，一台接收机连续观测 1 h 将有 180 组观测值。观测值中有对 4 颗以上卫星的观测数据以及地面气象观测数据等。GPS 数据处理要从原始的观测值出发得到最终的测量定位成果，其数据处理过程大致分为：GPS 测量数据的基线解算、GPS 基线向量网平差以及 GPS 网平差或与地面网联合平差等几个阶段。

二、数据传输与预处理

（一）数据传输

大多数的 GPS 接收机（如 ASHTECH、TRIMBLE 等型号），采集的数据记录在接收机的内存模块上。数据传输是用专用电缆将接收机与计算机连接，并在后处理软件的菜单中选择传输数据选项后，将观测数据传输至计算机。数据传输的同时进行数据分流，生成相应的数据文件：载波相位和伪距观测值文件、星历参数文件、电离层参数和 UTC 参数文件、测站信息文件。

载波相位和伪距观测值文件是容量最大的文件。观测值记录中有对应的卫星号，卫星高度角和方位角，C/A 码伪距，L_1、L_2的相位观测值，观测值对应的历元时间，积分多普勒记数，信噪比等。

星历参数文件包含所有被测卫星的轨道位置信息，根据这些信息可以计算出任一时刻卫星的位置。

电离层参数和 UTC 参数文件中，电离层参数用于改正观测值的电离层影响，UTC 参数用于将 GPS 时间修正为 UTC 时间。

测站信息文件包含测站名、测站号、测站的概略坐标、接收机号、天线号、天线高、观测的起止时间、记录的数据量、初步定位成果等。

经数据分流后的数据文件中，除初测站信息文件外，其余均为二进制数据文件。为了下一步预处理的方便，必须将它们解译成直接识别的文件，将数据文件标准化。

（二）预处理

GPS 数据预处理的目的是：对数据进行平滑滤波检验，剔除粗差；统一数据文件格式并将各类数据文件加工成标准化文件（如 GPS 卫星轨道方程的标准化、卫星时钟钟差标准化、观测文件标准化等），找出整周跳变点并修复观测值；对观测值进行各种模型修正。

三、GPS 基线向量的解算

GPS 基线向量解算是以两测站间的基线向量 $\vec{r}=(\Delta X,\Delta Y,\Delta Z)$ 为未知数，以卫地距离为观测值，建立误差方程及法方程进行求解。首先建立卫地距离 ρ 与基线向量 $\vec{r}$ 的关系式，然后基于 ρ 与 $\vec{r}$ 的关系，导出目前应用较广泛的双差模型的误差方程式，其余单差、三差模型误差方程可仿此导出。

基线解算阶段的质量控制指标主要有 *Ratio* 值、单位权方差因子（参考方差因子）、均方根误差 *RMS*、数据删除率、双差观测值残差、*RDOP* 值、同步环闭合差、异步环闭合差和重复基线的较（互）差等。

（一）*Ratio* 值

Ratio 值为在采用搜索算法确定整周未知数参数的整数值时，产生次最小的单位权方差与最小的单位权方差的比值。它反映了所确定出的整周未知数参数的可靠性，这一指标取决于多种因素，既与观测值的质量有关，也与观测条件的好坏有关。一般，均要求 $Ratio\geqslant 3$。

（二）单位权方差因子 $\hat{\sigma}_0$

$$\hat{\sigma}_0=\sqrt{\frac{V^{\mathrm{T}}PV}{f}} \tag{3-1}$$

单位权方差因子 $\hat{\sigma}_0$ 反映观测值的质量，又称为参考方差因子，其值越小越好。

（三）均方根误差 *RMS*

$$RMS=\sqrt{\frac{V^{\mathrm{T}}V}{n}} \tag{3-2}$$

RMS 值表明了观测值的质量，观测值质量越好，其越小；反之，观测值质量越差，则其越大，它不受观测条件（观测期间卫星分布图形）好坏的影响。

（四）数据删除率

在 GPS 基线向量解算时，如果观测值的改正数大于某一个阈值，则认为该观测值含有粗差，需要将其删除。被删除观测值的数量与观测值的总数的比值，就是所谓的数据删除率。

数据删除率从某一方面反映出了 GPS 原始观测值的质量。数据删除率越高，说明观测值的质量越差。

（五）双差观测值残差

在一些 GPS 基线向量解算的随机商用软件中，常用图或表的形式给出在一个测段中每颗非基星与基星之间的双差观测值残差。若每颗卫星的残差图形都始终稳定在纵坐标为零周附近，随时间变动而形成一条较平直的细带，则比较理想。若某颗非基星的残差线起伏较大，则表明该非基星的单差可能有问题，可考虑删去该非基星；若所有的残差线都不好，很可能是基星的问题，可改用另一颗卫星作为基星。

一般而言，若基线中误差很小，模糊度整数性又好，残差往往也不错；反之，亦然。因此，当前两项要求未能满足时，常可结合残差图来分析是哪颗卫星出了问题，始于何时，以便调整取用的卫星及时间区段，从而获得较好的基线向量成果。残差图表也可用来判断未被剔除的小于 1 周的周跳的所在位置。

（六）*RDOP* 值

所谓 *RDOP* 值，指的是在 GPS 基线向量解算时待定参数的协因数阵的迹 $tr(Q)$ 的平方根，即

$$RDOP = (tr(Q))^{1/2} \tag{3-3}$$

RDOP 值的大小与基线位置和卫星在空间中的几何分布及运行轨迹（观测条件）有关，当基线位置确定后，*RDOP* 值就只与观测条件有关了，而观测条件又是时间的函数。因此，实际上对于某条基线向量来讲，其 *RDOP* 值的大小与观测时间段有关。这表明了 GPS 卫星的状态对相对定位的影响，即取决于观测条件的好坏，它不受观测值质量好坏的影响。

（七）同步环闭合差

同步环闭合差是由同步观测基线所组成的闭合环的闭合差。

同步观测基线间具有一定的内在联系，从而使得同步环闭合差在理论上应总是为 0，如果同步环闭合差超限，则说明组成同步环的基线中至少存在一条基线向量是错误的，但反过来，如果同步环闭合差没有超限，还不能说明组成同步环的所有基线向量在质量上均合格。规范规定同步环各分量闭合差及总的同步环闭合差限值如下：

$$\left.\begin{aligned} W_X &= \sum_{i=1}^{n} \Delta X_i \leqslant \frac{\sqrt{n}}{5}\sigma \\ W_Y &= \sum_{i=1}^{n} \Delta Y_i \leqslant \frac{\sqrt{n}}{5}\sigma \\ W_Z &= \sum_{i=1}^{n} \Delta Z_i \leqslant \frac{\sqrt{n}}{5}\sigma \\ W &= \sqrt{W_X^2 + W_Y^2 + W_Z^2} \leqslant \frac{\sqrt{3n}}{5}\sigma \end{aligned}\right\} \tag{3-4}$$

（八）异步环闭合差

由独立基线所组成的闭合环称为异步闭合环，简称异步环。异步环的闭合差称为异步环闭合差。

当异步环闭合差满足限差要求时，表明组成异步环的基线向量的质量是合格的；当异步环闭合差不满足限差要求时，表明组成异步环的基线向量中至少有一条基线向量的质量不合格，要确定出哪些基线向量的质量不合格，可以通过多个相邻的异步环或重复基线来进行。规范规定异步环各分量闭合差及总的异步环闭合差限值如下：

$$\left.\begin{aligned} W_X &= \sum_{i=1}^{n} \Delta X_i \leqslant 3\sqrt{n}\sigma \\ W_Y &= \sum_{i=1}^{n} \Delta Y_i \leqslant 3\sqrt{n}\sigma \\ W_Z &= \sum_{i=1}^{n} \Delta Z_i \leqslant 3\sqrt{n}\sigma \\ W &= \sqrt{W_X^2 + W_Y^2 + W_Z^2} \leqslant 3\sqrt{3n}\sigma \end{aligned}\right\} \tag{3-5}$$

（九）重复基线较（互）差

不同观测时段，对同一条基线的观测结果，就是所谓重复基线。这些观测结果之间的差

异，就是重复基线较（互）差。当重复基线较（互）差满足限差要求时，表明这些基线向量的质量是合格的；当重复基线较（互）差不满足限差要求时，则表明这些基线向量中至少有一条基线向量的质量不合格，要确定出哪些基线向量的质量不合格，可以通过多重条件进行。规范规定重复基线较（互）差限值为

$$W_{互} \leqslant 2\sqrt{2}\sigma \tag{3-6}$$

影响基线解算结果质量的主要因素及应对方法：

（1）基线解算时所设定的起点坐标不准确时，应设定较准确的起点坐标，采用同一点或同一点的衍生点起算。

（2）少数卫星的观测时间太短，导致这些卫星的整周未知数无法准确确定时，应剔除观测时间太短的卫星。

（3）在整个观测时段里，有个别时间段或个别卫星周跳太多，致使周跳无法完全修复时，应剔除周跳多的卫星，截去周跳多的时间段。

（4）在观测时段内，多路径效应比较严重，观测值的改正数普遍较大时，应剔除受多路径影响严重的观测值。

（5）对流层折射或电离层折射影响太大时，应采用模型改正，采用 Iono – Free 观测值。

基线解算时常需修改的参数如下：

（1）参与数据处理的特定时间段的观测值；

（2）截止高度角；

（3）观测值类型；

（4）星历类型；

（5）*Ratio* 值限值；

（6）观测值编辑因子；

（7）电离层折射改正；

（8）对流层折射改正。

每一个厂商所生产的接收机都会配备相应的数据处理软件，它们在使用方法上都会有各自不同的特点，但是无论是哪种软件，它们在使用步骤上却是大体相同的。GPS 基线解算的过程如下：

（1）原始观测数据的读入。在进行基线解算时，首先需要读取原始的 GPS 观测值数据。一般说来，各接收机厂商随接收机一起提供的数据处理软件都可以直接处理从接收机中传输出来的 GPS 原始观测值数据，而由第三方所开发的数据处理软件则不一定能对各接收机的原始观测数据进行处理，要处理这些数据，首先需要进行格式转换。目前，最常用的格式是 RINEX 格式，对于按此种格式存储的数据，大部分的数据处理软件都能直接处理。

（2）外业输入数据的检查与修改。在读入了 GPS 观测值数据后，就需要对观测值数据进行必要的检查，检查的项目包括测站名、点号、测站坐标、天线高等。对这些项目进行检查的目的是避免外业操作时的误操作。

（3）设定基线解算的控制参数。基线解算的控制参数用以确定数据处理软件采用何种处理方法来进行基线解算，设定基线解算的控制参数是基线解算时的一个非常重要的环节，通过控制参数的设定，可以实现基线的精化处理。

（4）基线解算。基线解算的过程一般是自动进行的，无需过多的人工干预。

(5)基线质量的检验。基线解算完毕后,基线结果并不能马上用于后续的处理,还必须对基线的质量进行检验,只有质量合格的基线才能用于后续的处理,如果质量不合格,则需要对基线进行重新解算或重新测量。基线的质量检验需要通过 *Ratio*、*RDOP*、*RMS*、同步环闭合差、异步环闭合差和重复基线较差来进行。

基线解算的输出结果:

(1)解的类型(三差解、双差解、固定解、浮动解等);

(2)不同系统下的输入、输出坐标;

(3)接收机的相关信息(如序列号等);

(4)坐标分量估值的标准偏差;

(5)所有坐标参数(包括整周未知数参数等)的相关矩阵或方差-协方差阵;

(6)卫星几何形状的信息(如 *RDOP* 值等);

(7)信号跟踪记录(数据记录时间、卫星、通道、信号质量等);

(8)数据删除率、采样率、数据剔除准则;

(9)星历内容综述,健康标志信息;

(10)进行的数据预处理措施(如对流层模型);

(11)观测值改正数(残差 *Residual*);

(12)统计检验结果;

(13)整周未知数的确定结果;

(14)解的质量综述。

四、GPS 地籍控制网平差

由前可知,GPS 观测网由一个一个的同步环组成。实际上,对于一个 N 点的同步环,只有$(N-1)$条基线是独立的。而对于一个有 N_i 个同步环构成的 GPS 观测网,由各同步环中选取$(N-1)$条独立基线构成 GPS 环形网,如图 3-1 所示。每一环是由非同步边构成的。各非同步闭合环闭合差应为零,故 GPS 网平差的目的之一就是消除各观测值(基线向量)之间的不符值;同时 GPS 基线向量解算结果是 WGS-84 坐标系下的,在地籍控制测量中一些地区因投影长度变形大也采用地方坐标系,因此在 GPS 网平差时也要实现由WGS-84坐标系向地方坐标系的坐标转换。

GPS 网平差时的观测值是基线向量及其方差阵,平差时的未知数是 WGS-84 坐标系下点的坐标或地方坐标系下点的坐标。GPS 网的平差模型一般采用间接平差方法。参加 GPS 网平差的基线向量应是独立的,它是从基线向量观测值中挑选出来的,一般应遵循如下原则:

(1)所选取的基线向量不构成同步环;

(2)所选取的基线向量能够与其他非同步环观测的 GPS 基线向量构成非同步闭合环;

(3)在满足(1)、(2)条件下,应选取距离较短的 GPS 基线向量。

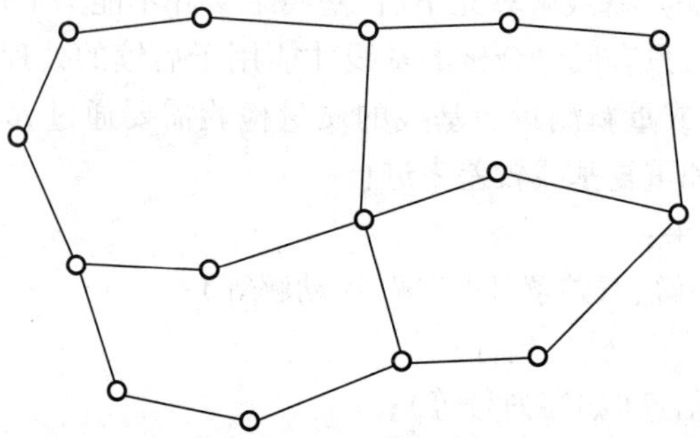

图 3-1　GPS 环形网

(一) GPS 网平差的类型

1. 按进行平差的空间不同分类

1) 三维平差

所谓三维平差,是指平差在三维空间坐标系中进行,观测值为三维空间中的观测值,解算出的结果为点的三维空间坐标。GPS 网的三维平差,一般在三维空间直角坐标系或三维空间大地坐标系下进行。

2) 二维平差

所谓二维平差,是指平差在二维平面坐标系下进行,观测值为二维观测值,解算出的结果为点的二维平面坐标。二维平差一般适用于小范围 GPS 网的平差。

2. 按观测值和已知条件的不同分类

1) 无约束平差

GPS 网的无约束平差指的是在平差时不引入会造成 GPS 网产生由非观测量所引起的变形的外部起算数据。常见的 GPS 网的无约束平差,一般是在平差时没有起算数据或没有多余的起算数据。

2) 约束平差

GPS 网的约束平差指的是平差时所采用的观测值完全是 GPS 观测值(GPS 基线向量),且在平差时引入了使得 GPS 网产生由非观测量所引起的变形的外部起算数据。

3) 联合平差

GPS 网的联合平差指的是平差时所采用的观测值除 GPS 观测值外,还采用了地面常规观测值,这些地面常规观测值包括边长、方向、角度等。

(二) GPS 地籍控制网的坐标转换

经过外业测量及基线解算所获得的 WGS－84 坐标系中 GPS 基线向量,是 WGS－84 坐标系中的三维坐标差,需将 GPS 网成果纳入到国家大地坐标系或地方独立坐标系,这就需要进行两类不同坐标系之间的坐标转换;与此同时还要进行同一类坐标系中表述形式虽有不同却又互为等价(点位坐标间)的变换,如空间直角坐标、大地坐标、高斯平面直角坐标间的换算。

(三)GPS 网平差过程中的质量检验指标

1. 单位权方差的检验——χ^2 检验

平差后单位权方差的估值 $\hat{\sigma}_0^2$ 应与平差前先验的单位权方差 σ_0^2 一致,判断它们是否一致可以采用 χ^2 检验。

原假设 $H_0:\hat{\sigma}_0^2=\sigma_0^2$,备选假设 $H_1:\hat{\sigma}_0^2\neq\sigma_0^2$,其中:

$$\hat{\sigma}_0^2=\frac{V^{\mathrm{T}}PV}{3n-3p+3} \tag{3-7}$$

若

$$\frac{V^{\mathrm{T}}PV}{\chi_{\alpha/2}^2}<\sigma_0^2<\frac{V^{\mathrm{T}}PV}{\chi_{1-\alpha/2}^2} \tag{3-8}$$

则 H_0 成立;反之,则 H_1 成立。其中 α 为显著性水平。

χ^2 检验的目的是检验观测值质量、模型质量和起算点数据的相容性。

2. 根据基线向量的改正数判断基线向量是否含有粗差

根据基线向量的改正数判断基线向量是否含有粗差的具体判定依据是:

若

$$|v_i|<\hat{\sigma}_0\sqrt{q_i}\,t_{1-\alpha/2} \tag{3-9}$$

则认为基线向量中不含有粗差;反之,则含有粗差。

3. 相邻点的中误差和相对中误差

相邻点的中误差和相对中误差可根据规范规定的相应等级的控制网限差判断是否超限。

在进行质量评定时,若发现有质量问题,需要根据具体情况进行处理。如果发现构成 GPS 网的基线中含有粗差,则需要采用删除含有粗差的基线、重新对含有粗差的基线进行解算或重测含有粗差的基线等方法加以解决;如果发现个别起算数据有质量问题,则应该放弃有质量问题的起算数据。

4. GPS 网平差流程

GPS 网三维平差的主要流程如图 3-2 所示。在 GPS 网三维平差中,首先应进行三维无约束平差,平差后通过观测值改正数检验,发现基线向量中是否存在粗差,并删除含有粗差的基线向量,再重新进行平差,直至确定网中没有粗差后,再对单位权方差因子进行 χ^2 检验,判断平差的基线向量随机模型是否存在误差,并对随机模型进行改正, 以提供较为合适的平差随机模型。在对 GPS 网进行约束平差后,还应对平差中加入的转换参数进行显著性检验,对于不显著的参数应剔除,以免破坏平差方程的性态。

五、高程控制网数据处理

在地籍测绘中,首级高程控制网一般由水准测量来建立,图根高程控制测量可采用三角高程测量。

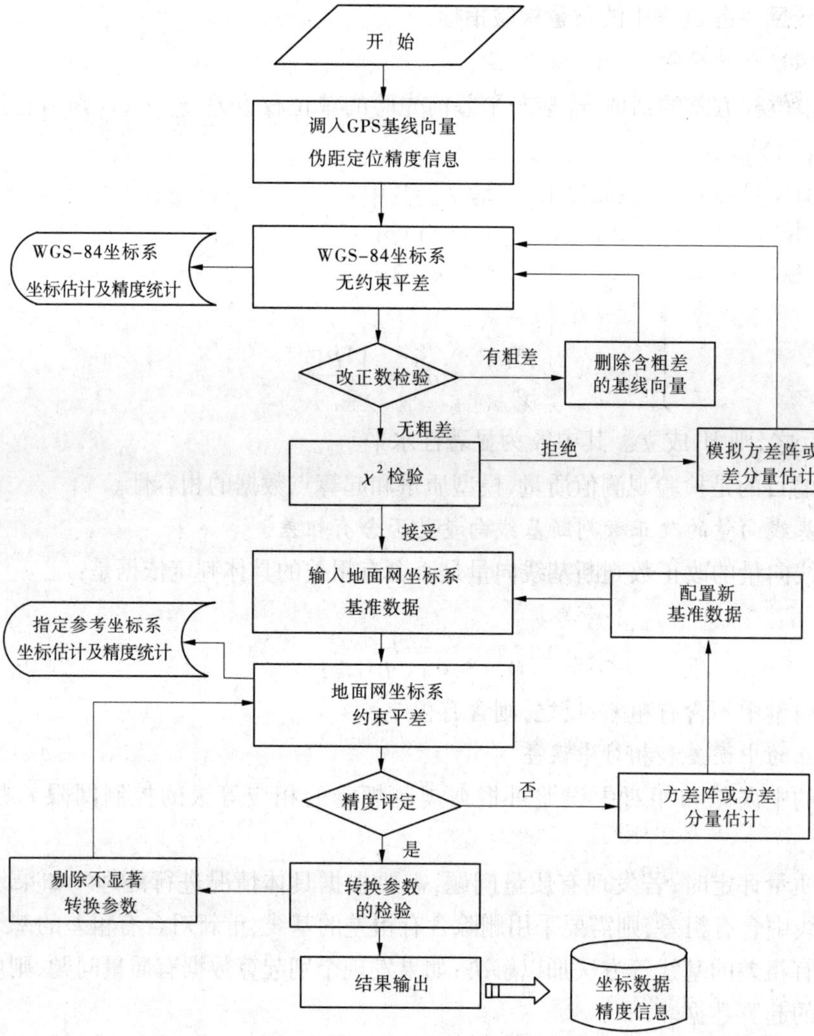

图3-2　GPS网平差流程

任务三　地籍控制网加密

任务目标：

1. 掌握地籍控制网加密的方法。
2. 掌握控制网加密各项技术指标。
3. 二级导线、图根导线的布设和施测。
4. 利用RTK进行图根点加密。

学习过程：

实训场地分组练习。

学习成果：

二级导线测量成果及实习报告。

图根导线测量成果及实习报告。

活动一　地籍加密控制网

资源与器材：实训场地。

在校园及校园周边布设二级导线，以小组为单位完成导线的外业测量和内业平差计算工作，每人编写二级导线的实习报告。

【知识导航】

加密控制网应按满足界址点测量及地籍细部测量的要求安排计划，可分期、分片布设，也可以一次整体布设完成。加密平面控制网，应在已有的高等级控制点或D、E级GPS控制点基础上，采用一、二级光电测距导线或导线网的形式布设，其最弱点（相对于起算点）的点位中误差不得超过±5 cm。在条件许可的情况下，加密的控制点也可采用GPS快速静态测量方法施测。在测区内建立地籍基本控制网时，首级控制点较稀，一般要求基本控制点密度每平方千米不少于10点。因此，布设基本控制网采取逐级加密的原则较合理。

活动二　地籍图根控制网

资源与器材：实训场地。

1. 校园内布设单一附合图根导线，完成该导线的内外业工作，提交成果，同时书写图根导线实习报告。

2. 使用RTK，在校园内加密图根点，与布设的图根导线点进行比较，比较它们精度的高低。

【知识导航】

图根控制点是测定界址点、地物点坐标和测绘地籍图的依据。地籍图根控制网通常以一个或几个街区为单位，以GPS点及一、二级导线点为基础进行加密，一般以附合导线（或导线网）的形式进行布设，不宜超过两次附合。当局部地区图根点密度不足时，可采用极坐标法、支导线法、交会法等增补测站点，在施测时要有检核条件。

在特殊情况下，个别图根点采用RTK方式测定时，必须具备严密的检核条件。为了满足地籍图根测绘和界址点测量，必须有足够的控制点数量，需要在基本控制点上和加密控制点上进行图根控制测量布设。

一、二级图根点相对于图根起算点的点位中误差不得大于±5 cm，测站点相对于邻近图根点的点位中误差不得大于±5 cm；图根点高程中误差不得大于±5 cm。为确保地物点的测定精度，图根光电测距导线测量应满足表3-9的技术要求。

表 3-9 图根导线测量技术要求

级别	导线长度（km）	平均边长（m）	测回数		测回差（″）	方位角闭合差（″）	导线全长相对闭合差	坐标闭合差（m）
			DJ_2	DJ_6				
一级	1.2	120	1	2	18	$\pm 24\sqrt{n}$	1/5 000	0.22
二级	0.7	70		1		$\pm 40\sqrt{n}$	1/3 000	0.22

习 题

1. 控制测量的作用是什么？
2. 地籍控制测量的等级有哪些？
3. 地籍控制测量的方法有哪些？
4. 简述地籍测量采用的坐标系统。
5. 简述 GPS 测量的外业实施步骤。

项目四　地籍要素测量

项目导航：

地籍要素测量是地籍测量工作的重要组成部分，为地籍图的测绘提供外业观测数据，本项目介绍了地籍要素的主要内容、地籍要素的测量方法以及地籍要素测量精度的评定。

学习目标：

1. 掌握地籍要素的主要内容。

2. 掌握界址点等级以及测量方法，能够使用全站仪采用极坐标法进行界址点的测量。

3. 掌握界址点、地籍图精度检查方法，能够填写解析界址点点位精度检查记录表、界址边长间距误差记录表并进行精度计算和评价。

学习成果：

极坐标法界址点测量的实习报告、解析界址点点位精度检查记录表、界址边长间距误差记录表的填写。

【知识导航】

地籍要素调查结果确定地块边界后，应在实地设置界址点标志，然后根据相应的方法进行地籍要素测量。

地籍要素测量主要包括以下内容：

(1)界址点、界址线以及其他重要的界标地物。

(2)建筑物和永久性的构筑物。

(3)行政区域和地籍区、地籍子区的界线。

(4)地类界和保护区的界线。

其中：

建筑物是指人们进行生产和生活或其他活动的房屋或场所，它分为工业建筑、民用建筑、农业建筑和园林建筑；构筑物一般是指不能直接在内进行生产和生活的建筑物，如水塔、烟囱、栈、桥、堤、坝、挡土墙、囤仓、城墙等。

界标地物是指和界址点、界址线以及行政区域境界有关的具有境界意义的地物，如墙柱、篱笆、铁丝网、树、河、沟、渠、道路、栅栏、栏杆等。

行政区域境界包括：国界，省(自治区、直辖市)界，地级市、州、盟界，县(市、旗、市区)界，乡(镇)界。

地类界按“土地利用类别”的分类标准进行分类，标绘出地类范围、注明土地利用分类代码，范围较小的地类界一般不标注。

保护区是指政府正式宣布划定的保护区，按实地划定的范围标绘出范围线，并注出保护区名。

任务一　界址点测量

任务目标：

1. 掌握界址点等级以及测量方法，能够使用全站仪采用极坐标法进行界址点的测量。

2. 掌握界址点、地籍图精度检查方法，能够填写解析界址点点位精度检查记录表、界址边长间距误差记录表，进行精度计算和评价。

学习过程：

1. 课堂实习，能够使用全站仪采用极坐标法进行界址点的测量。

2. 课堂实习，掌握界址点、地籍图精度检查方法和内业处理。

学习成果：

1. 极坐标法界址点测量的实习报告。

2. 解析界址点点位精度检查记录表、界址边长间距误差记录表、界址点与邻近地物点关系距离检查记录表的填写。

活动一　界址点测量

资源与器材：全站仪，已知点坐标。

以校园界址点为测量对象，按一级界址点测量精度分别采用极坐标法、正交法测得界址点坐标，并对其结果进行检核。

【知识导航】

土地权属界址包括界址线、界址点和界标。界址点测量不仅能确定土地权属界址或地块边界在实地的地理位置，为今后可能产生的土地权属纠纷提供直接依据，同时是量算宗地面积的基础数据；也对不同地块（宗地）权属起到法律上的保护作用；还可以方便土地管理和规划设计。因此，界址点测量工作就成为地籍测绘的最重要的工作内容。

建筑物角点是建筑物的房角点，需要测定建筑物角点的坐标时，其精度等级和限差要求与界址点相同；不要求测定建筑物角点的坐标时，可按地物点精度要求表示在地籍图上。

一、界址点的精度

（一）《地籍调查规程》（TD/T 1001—2012）中的规定

界址点的精度分三级，等级的选用应根据土地用途、价值、开发利用程度和规划的长远需要而定。大中城市的繁华地区、商业区，小城市的中心地区一般选用一级界址点，其他街区选用二级界址点，郊区一般选用二级界址点或三级界址点。各级界址点相对于邻近控制点的点位误差和间距超过 50 m 的相邻界址点间的间距误差应不超过表 4-1 的规定；间距未超过 50 m 的界址点间的间距误差限差不应超过式（4-1）的计算结果。

$$\Delta D = \pm (m_j + 0.02 m_j D) \tag{4-1}$$

式中　m_j——相应等级界址点规定的点位中误差，m；

D——相邻界址点间的距离，m；

ΔD——界址点坐标计算的边长和实量边长较差的限差，m。

表 4-1　解析界址点的精度

界址点等级	界址点相对于邻近控制点的点位误差,相邻界址点间的间距误差(cm)	
	中误差	允许误差
一级	±5.0	±10.0
二级	±7.5	±15.0
三级	±10.0	±20.0

注:1. 土地使用权明显界址点精度不低于一级,隐蔽界址点精度不低于二级。
2. 土地所有权界址点可选择一、二、三级精度。

(二)《地籍测绘规范》(CH 5002—94)中的规定

界址点精度分为三级,等级的选用应根据土地价值、开发利用程度和规划的长远需要而定。各级界址点相对于邻近控制点的点位误差和间距超过 50 m 的相邻界址点间的间距误差不超过表 4-2 的规定;间距未超过 50 m 的界址点间的间距误差限差不应超过式(4-1)的计算结果。

表 4-2　界址点的精度要求(一)

界址点的等级	界址点相对于邻近控制点的点位误差和相邻界址点间的间距误差限差(m)	
	限差	中误差
一	±0.10	±0.05
二	±0.20	±0.10
三	±0.30	±0.15

(三)《房产测量规范》(GB/T 17986.1～17986.2—2000)中的规定

《房产测量规范》中规定,房产界址点的精度分三级,各级界址点相对于邻近控制点的点位误差和间距超过 50 m 的相邻界址点间的间距误差不超过表 4-3 的规定;间距未超过 50 m 的界址点间的间距误差限差不应超过式(4-1)的计算结果。

表 4-3　界址点的精度要求(二)

界址点精度等级	界址点相对于邻近控制点的点位误差和相邻界址点间的间距误差限差(m)	
	限差	中误差
一	±0.04	±0.02
二	±0.10	±0.05
三	±0.20	±0.10

界址点等级的选用一般应根据土地价值、开发利用程度和实际需要而定,当然,还要考虑到今后发展的需求变化。就目前而言,对大中城市的繁华地区、商业区,小城市的中心地

区一般可以选用二级界址点，其他地区则选用三级界址点，对有特殊需求的，如特殊的建筑物、外资房地产等，或产权人提出要求的可选用一级界址点。

二、界址点的测量方法

界址点的测量方法包括解析法和图解法。

(一)解析法

解析法是指采用全站仪、GPS 接收机、钢尺等测量工具，通过全野外测量技术获取界址点坐标和界址点间距的方法。其主要适用于大比例尺地籍调查。

界址点测量应从邻近基本控制点或高级界址点起算，以极坐标法、交会法、正交法等野外解析法测定，也可在全野外数据采集时和其他房地产要素同时测定。

以极坐标法为例，介绍作业过程。

如图 4-1 所示，设 O 为测站点，A 为定向点，P 为待定点。在 O 点安置仪器，照准 A 点，读取定向点的方向值 L_0（通常配置为零），然后照准碎部点 P，读取碎部点的方向值 L_P，再测出 OP 之间的距离 D_{OP}，则：

$$\left.\begin{aligned} x_P &= x_O + D_{OP}\cos\alpha_{OP} \\ y_P &= y_O + D_{OP}\sin\alpha_{OP} \end{aligned}\right\} \tag{4-2}$$

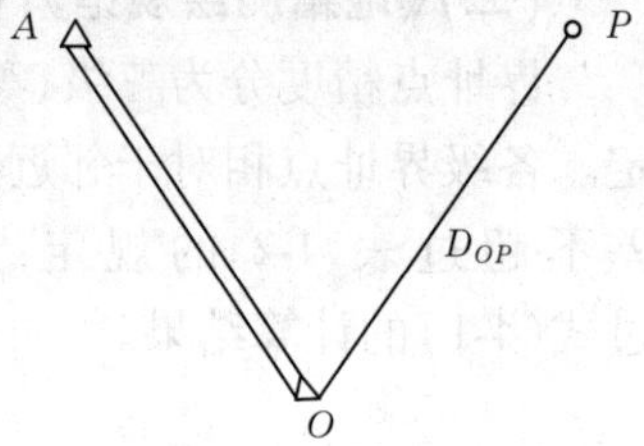

图 4-1　极坐标法

其中，$\alpha_{OP}=\alpha_{AO}+(L_P-L_O)-180°$，为 OP 边的坐标方位角。

该法是测定界址点的主要方法。当使用不低于 5″的全站仪测定界址点或建筑物角点坐标时，角度和距离均测一测回。用钢尺丈量界址间距时，钢尺要经过检定，钢尺精度应优于 1/10 000，当尺长改正和尺长温度改正大于 1/10 000 时，丈量结果应进行改正。

测站点附近的界址点、建筑物角点均应进行观测，观测困难时，可直接量取距离，以便于检查和比较。界址点和需要测定坐标的建筑物角点一般应有两个不同测站点测定的结果。对用两个不同测站点测定很困难的点，应通过一次独立的检核。

(二)图解法

图解法是指采用标示界址、绘制宗地草图、说明界址点点位和说明权属界线走向等方式描述实地界址点位置，由数字摄影测量加密或在正射影像图、土地利用现状图、扫描数字化的地籍图和地形图上获取界址点坐标和界址点间距的方法。图解法测定界址点坐标一般适用于中小比例尺地籍调查，如进行 1∶10 000 土地利用现状调查中界址点坐标的确定。图解界址点坐标不能用于放样确定实地界址点的精确位置。界址点精度符合表 4-4 的要求。

表 4-4　图解界址点的精度

序号	项目	图上中误差(mm)	图上允许误差(mm)
1	相邻界址点的间距误差	±0.3	±0.6
2	界址点相对于邻近控制点的点位误差	±0.3	±0.6
3	界址点相对于邻近地物点的间距误差	±0.3	±0.6

三、界址点测量要求

(一)界址点测量一般规定

(1)利用全站仪、GPS 接收机和钢尺等测量工具野外实测界址点坐标,主要方法有极坐标法、直角坐标法(正交法)、截距法(内外分点法)、距离交会法、角度交会法、全球卫星定位系统(GPS)测量方法等,可根据界址点的观测环境选用不同的方法。

当采用全站仪测量时,观测时应做测站检查,检查点可以是定向点、邻近控制点和已测设的界址点。

当采用钢尺量距时,宜丈量两次并进行尺长改正,两次较差的绝对值应小于 5 cm。

无论采用哪种方法测量界址点,都应进行有效检核。有两种检核界址点测量误差的方法:一是界址点坐标点位检核,二是界址点间距检核。检核结果见表 4-5 和表 4-6。

(2)如果测量员没有参与现场指界,施测界址点之前应根据地籍调查表、宗地草图和工作底图到现场细致勘查界址点的位置及其周围环境,为测量控制点的选取、界址点和地籍图施测方法的选择做好充分的准备。

(3)经土地权属调查确认的已有界址点,现场核实界标未损坏、移动,并进行检测,若检测结果在表 4-1 规定的允许误差范围内,应使用原界址点坐标成果;如检测结果超过表 4-1 规定的允许误差,经相关土地权利人同意后,采用检测的界址点坐标,并在地籍调查表中的地籍测量记事中说明。

(4)如果土地权属来源资料中给定了满足精度要求的新增界址点几何条件或解析坐标等参数,可根据给定的参数计算放样参数,在实地放样埋设界桩。界址点放样的精度也应符合表 4-1 的规定。

(5)测量界址点所使用的测量工具应检定合格并在有效期内才能用于作业。观测角度的仪器级别不低于 J_6 级。全站仪的对中、整平、观测等技术要求按照《城市测量规范》执行。GPS 接收机的架设、观测和计算按照《全球定位系统实时动态测量(RTK)技术规范》执行。

(6)界址点坐标取位至 0.001 m。

(二)界址点测量使用方法要求

(1)极坐标法。界址点测量一般采用极坐标法,观测时应采用距离(纵向)和角度(横向)偏心等技术消除或减弱棱镜中心到界址点的偏差(棱镜对准误差)的影响。

(2)角度交会法。对于角度观测方便而距离测量有困难或放置棱镜不便的界址点,可采用角度交会法施测,但交会角应控制在 30°～150°的范围内。

(3)距离交会法。其他方法施测困难或不能施测的界址点,可采用距离交会法施测,但交会角应控制在 30°～150°的范围内。

(4)直角坐标法。其他方法施测困难或不能施测的界址点,可采用直角坐标法施测,但界址点到控制线的水平距离与控制线的水平长度之比不应超过 1/2。

(5)截距法。其他方法施测困难或不能施测的界址点,可采用截距法施测,但外分点到邻近起算点的距离应小于两个起算点之间的距离。

(6)全球卫星定位系统(GPS)测量方法。能满足精度要求的 GPS 定位方法主要有 GPS 实时动态定位方法(RTK)、网络 GPS(RTK 和 CORS)定位方法。观测时,界址点周围的环境条件应符合 GPS 接收机的观测条件。

活动二　界址点成果检核

资源与器材:全站仪、钢尺。

采用两种方法检核以上测得的界址点坐标是否满足精度要求,并将检测结果填入表4-5中。

表4-5　界址点点位精度检查记录表

仪器设备:　　　　所在测区:　　　　图幅号:　　　　检查日期:

序号	原测坐标		检测坐标		坐标较差(cm)		Δ^2(cm)	备注
	X	Y	X_1	Y_1	ΔX	ΔY		
1								
2								
3								
4								
5								
6								
7								
8								
		使用公式		$m=\sqrt{\frac{\sum\Delta^2}{2n}}$		检查点位中误差(cm) =		

检查者:　　　　计算者:　　　　检核者:

注:1. 原测坐标:X, Y;检测坐标:X_1, Y_1。$\Delta X = X - X_1$; $\Delta Y = Y - Y_1$; $\Delta^2 = \Delta X^2 + \Delta Y^2$。

2. 界址点按街坊编号时,宗地号可不填。

3. 高精度方法检测时,$[\Delta\Delta]$为Δ^2之和,中误差计算公式为:$m = \pm\sqrt{\frac{[\Delta\Delta]}{n}}$,$m \leqslant \pm 5$ cm(± 7.5 cm)。同精度方法检测时,$[dd]$为d^2之和,中误差计算公式为:$m = \pm\sqrt{\frac{[dd]}{2n}}$,$m \leqslant \pm 5$ cm(± 7.5 cm)。

4. 允许误差为2倍中误差。

【知识导航】

解析界址点点位误差检查必须野外进行,尽量以原已知点为依据,利用高精度或同精度的方法重新施测25个以上解析界址点的坐标进行比较,填表并计算中误差。

一、钢尺丈量检核

采用鉴定合格的钢尺,实地丈量若干相邻界址点间距,以此检核界址点测量精度,如表 4-6 所示。

当 $D \leqslant 50$ m 时　　$\Delta D = D - S \leqslant \pm(m_j + 0.02m_j D)$

当 $D > 50$ m 时　　$\Delta D = D - S \leqslant \pm 2m_j$

式中　S——界址点坐标反算边长；

D——实地丈量界址边长。

表 4-6　界址边长间距误差记录表(外业检查)

地籍子区号	宗地号	界址点号	原测距离(m)	比较距离(m)	较差 d(cm)	d^2
检查结果		$[dd] = \sum d^2$			解析点位中误差 $m = \pm$	

检查者：　　　　　　　　　　　　　　　　　　年　月　日

注：$m = \pm\sqrt{\frac{[dd]}{2n}}$，要求 $m \leqslant \pm 5$ cm（± 7.5 cm）。

二、全站仪实测检核

以不低于原测精度的全站仪检测若干界址点坐标，利用表 4-7 计算中误差。

表 4-7　界址点点位精度检查记录表

仪器设备：NTS－362RL　　所在测区：　　图幅号：　　检查日期：

序号	原测坐标		检测坐标		坐标较差(cm)		Δ^2(cm)	备注
	X	Y	X_1	Y_1	ΔX	ΔY		
1	3 878 186.07	449 572.448	3 878 186.058	449 572.439	1.2	0.9	2.2	
2								
3								
4								
5								
6								
7								
8								
9								
10								
		使用公式 $m = \sqrt{\frac{\sum\Delta^2}{2n}}$		检查点位中误差(cm) =				

习　题

1. 什么是界址点？
2. 地籍要素测量包括哪些内容？
3. 界址点测量方法有哪些？
4. 界址点测量检核方法有哪些？
5. 简述界址点精度要求。

地籍要素测量拓展知识

一、土地出让、划拨、分割合并的勘测工作

对于土地出让、划拨以及土地分割合并的勘测工作，一般先在图上设计，根据附近已知控制点的坐标，求得图上设计数据在实地的放样数据，如坐标、角度或者距离。勘测方法有极坐标法、交会法、直角坐标法、内外分点法等。

（一）测绘部门受理用地方案图

用地方案确定后，将用地方案图传送到测绘部门，测绘部门依据地政部门盖有印章和编号的用地红线图办理界址点放桩和宗地图制作手续。

（二）测绘部门处理用地方案图

（1）用地方案图有明确界址点坐标及红线的，按图上标示的坐标放点。放出的点位如与实地建筑物或其他单位用地无明显矛盾，则埋设界桩，并向委托单位交验桩位。若放出的点位与已建的建筑物或其他单位用地有矛盾，则记录实地情况，并通知地政部门，由地政部门重新确定方案，再按上述程序放点。

（2）用地方案图中无界址点坐标的，可根据相关资料实地测量或测算界址点坐标，返回地政部门认可，经确认后再到实地放点。

（三）宗地编号和界址点编号

界址点经实地放桩确认后，进行宗地、界址点编号。

（四）编写界桩放点报告

界桩放点报告是界址放桩的成果资料，它包括实地放桩过程的说明、起算数据和测量仪器的说明、界址放桩略图、界址点坐标成果表等。此报告也是建设工程验线的基础资料，在申请开工验线时要出示，同时是征地、拆迁的重要资料。

（五）制作宗地图

宗地图的制作应与界桩放点报告的编写同时进行，宗地图要求界址线走向清楚、面积准确、四至关系明确、注记齐全、比例尺适当。

二、工程验线测量

工程验线是指经批准的设计方案，在实地放线定位后的复核工作。工程验线主要检查建筑物定位是否与批准的设计图相符，检查建筑物退红线是否符合规划设计要求。工程验线由建设单位提出申请，并提交以下资料：用地红线图、建筑物平面布置图、界桩放点报告、《建设工程规划许可证》。在正式验线前，建设单位应在现场把建筑物总平面布置图上的各轴线放好，撒上白灰或钉桩拉好线，各红线桩必须完好，并露出地面。工程验线具体工作如下：

（1）查看界桩，并复核界桩点位置。

（2）实地对照建筑物的放线形状与图纸是否相符。

(3)测量建筑物的放线尺寸与图上数据是否相符。

(4)测量建筑物退红线是否符合规划要求。

验线结束后,验线人员在《建设工程规划许可证》上签署验线意见,加盖“建筑工程验线专用章”。只有验线合格后,方可开工建设。

三、竣工测量

竣工验收测量是规划验收的重要环节。其内容主要包括:竣工现状图测绘、建筑红线测量和房屋竣工测量。竣工测量具体程序如下:

(1)测绘部门受理《竣工测量通知书》。

(2)测绘部门按竣工验收项目和有关技术要求进行测量工作。竣工现状图比例尺为1:500,竣工图上标出宗地红线边界和界址点位置,测出建筑物与红线边的距离、室内外地坪标高、建筑物的形状及宗地内的地形情况。房屋建筑面积在实地复核,在限差范围内,保留原结果,超出限差的,重新丈量计算。

(3)测绘部门依据竣工现状图更新地形图、地籍图。

(4)提交资料。建设工程竣工测量报告一式三份,一份交建设单位,一份交规划部门,一份由测绘部门存档;房屋竣工测量报告一式两份,一份由交建设单位,一份由测绘部门存档。

四、征地拆迁界址测量

由征地、拆迁管理部门向测绘部门下达测量任务,或由用地单位提出申请。在测量过程中,需各方现场指界,测量方法与以上界址测量相同,但对拆除的房屋一般需拍照存档。

项目五　地籍图测绘

项目导航：

地籍图是土地管理的专题图，它首先要反映包括行政界线、地籍区（子区）界线、界址点、界址线、地类、地籍号、面积、坐落、土地使用者或所有者及土地等级等地籍要素；其次要反映与地籍有密切关系的地物及文字注记，一般不反映地形要素。地籍图是制作宗地图的基础图件。地籍图的测绘工作是在地籍调查和地籍控制测量的基础上进行的，地籍图测绘工作是整个地籍测绘工作的重要组成部分，其工作量占到整个地籍测绘工作的一半以上，采用什么样的方法进行地籍图的施测，是这个项目的学习重点。

学习目标：

1. 掌握地籍图的基本知识。
2. 掌握全野外数字化测图和航测法成图的基本方法和作业流程。
3. 掌握地籍图的整饰和输出要求。

学习成果：

1. 校园 1∶500 地籍图、宗地图。
2. 地籍图整饰成果。

【知识导航】

一、地籍图的概念

所谓地籍图，是指按照特定的投影方法比例关系和专用符号来反映地籍要素及相关地形要素的平面图，是地籍的基础资料之一。地籍图既要准确完整地表示基本的地籍要素，又要使图面简明清晰，便于用户根据图上表示的要素增补新的内容，加工成各用户所需的专用图。

在地籍图集合中，我国现在主要测绘制作的有城镇分幅地籍图、宗地图、土地利用现状图、土地权属界线图等。

（一）宗地草图

宗地草图是经实地对宗地进行勘丈绘成的草图。其比例尺是概略的，但勘丈尺寸是精确的。其主要表示的内容有权属主名称、坐落、宗地号、界址点号、界址线、面积、四至、方位等。它是权属界址的原始数据，是权属调查的第一手资料，是须存档的资料之一。

（二）宗地图

宗地图是指以一宗地为单位绘制的图件，宗地图是处理土地纠纷的原始资料，也是土地证书附图的基本图件。

(三)地籍一览图

地籍一览图由分幅地籍图编绘,比例尺在1∶5 000到1∶20 000之间,供档案管理人员使用。其内容主要有地籍区界线、地籍子区界线、宗地界线、地籍区名称及编号、宗地编号、街巷界线及名称等。

(四)分幅地籍图

分幅地籍图是指按国家统一规定的分幅编号方法一幅一幅测绘的地籍图,即1∶500、1∶1 000、1∶2 000地籍图;农村土地利用现状图采用1∶5 000和1∶10 000地籍图。

(五)土地利用现状图

土地利用现状图是表达土地资源的利用现状、地域差异和分类的专题地图。它是研究土地利用的重要工具和基础资料,同时是土地利用现状调查的主要成果之一。在编制土地利用现状图的基础上,对当前土地利用的合理程度和存在的问题、进一步利用的潜力、合理利用的方向和途径,进行综合分析和评价。

二、地籍图的比例尺

地籍图比例尺的选择应满足地籍管理的不同需要。地籍图需准确地表示土地权属界线和土地上附着物的细部位置,为地籍管理提供基础数据,特别是地籍测绘成果资料要提供给社会各行业、各部门使用,因此地籍图比例尺的选择有较大的灵活性。选取时主要依据测区的经济繁华程度、土地利用价值、测区建筑物的密度及其复杂程度、技术力量、设备、采用的测量方法及远近期需要而定。

目前,世界上各国地籍图的比例尺标准不一,选用的比例尺最大为1∶250,最小为1∶50 000。例如,日本规定城镇地区为1∶250~1∶5 000,农村地区为1∶1 000~1∶5 000;德国规定城镇地区为1∶500~1∶1 000,农村地区为1∶2 000~1∶50 000。

我国城镇地区城区地籍图比例尺一般可选用1∶500;农村居民点地籍图可选用1∶500或1∶1 000的比例尺;土地利用现状调查可选用1∶10 000地籍图。

三、地籍图的精度指标

地籍图的精度主要是指界址点和地物点的精度。地籍图上坐标点的最大展点误差不超过图上±0.1 mm;其他地物点相对于邻近控制点的点位中误差不超过±0.5 mm,相邻地物点之间的间距中误差不超过图上±0.4 mm。

采用坐标地籍可以大大提高界址点和地物点的测量精度,同时可提高面积量算的精度。在外业中,如果使用全站仪、电磁波测距仪、GPS接收机等测量仪器,则界址点和地物点的测量精度可达到厘米级,完全能满足地籍管理的需要。

针对数字地籍来说,它们的精度往往取决于界址点的精度要求。

地籍图的基本精度应符合表5-1的规定。

表 5-1　地籍图平面位置精度

序号	项目	图上中误差(mm)	图上允许误差(mm)	备注
1	相邻界址点的间距误差	±0.3	±0.6	荒漠、高原、山地、森林及隐蔽地区等可放宽1.5倍
2	界址点相对于邻近控制点的点位误差	±0.3	±0.6	
3	界址点相对于邻近地物点的间距误差	±0.3	±0.6	
4	邻近地物点的间距误差	±0.4	±0.8	
5	地物点相对于邻近控制点的点位误差	±0.5	±1.0	

四、地籍图的分幅与编号

地籍图采用分幅图形式。1∶500、1∶1 000、1∶2 000 地籍图均采用 50 cm×50 cm 正方形分幅。地籍图的图廓以高斯－克吕格坐标格网线为界。

(一)以图幅西南角坐标公里值编号

图幅的编号一般采用坐标编号法，由图幅西南角纵坐标 X 和横坐标 Y 组成编号，其形式为 X—Y，X、Y 以公里为单位，保留至小数点后两位。1∶2 000、1∶5 000 取至 km，1∶1 000取至0.1 km，1∶500 取至 0.01 km。例如，某幅 1∶1 000 地籍图的西南角坐标为 X=6 230 km、Y=10 km，则其编号为 6230.0—10.0。

(二)以编号区代码编号

1∶2 000 图幅以整公里格网线为图廓线；1∶1 000 和 1∶500 地籍图在 1∶2 000 地籍图中划分，划分方法如图 5-1 所示。

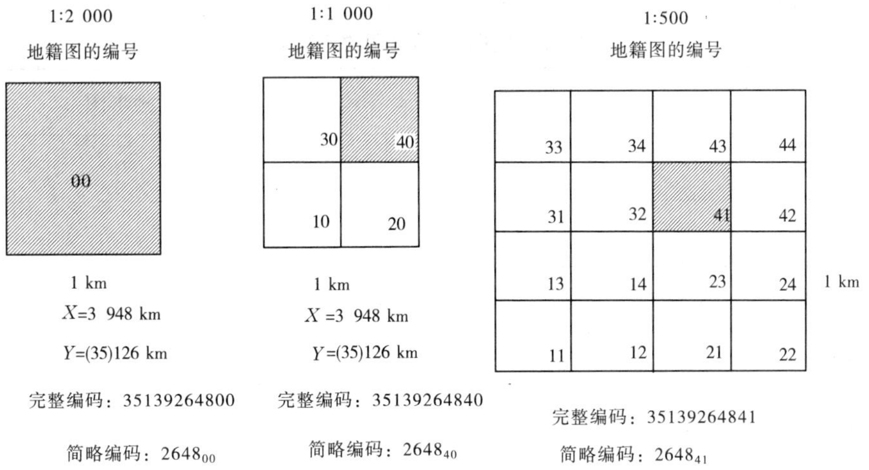

图 5-1　地籍图的分幅与编号

地籍图编号以高斯－克吕格坐标的整公里格网为编号区，由编号区代码加地籍图比例尺代码组成，编号形式如下：

编号区代码　　　　　　比例尺代码

完整编号：×××××××××　　××

简略编号：　　　　××××　　××

其中，编号区代码由 9 位数组成。第 1、2 位数为高斯坐标投影带的带号；第 3 位数为横坐标的百公里值；第 4、5 位数为纵坐标的千、百公里值；第 6、7 位数为横坐标的十公里、整公里值；第 8、9 位数为纵坐标的十公里和整公里值。

地籍图比例尺代码由两位数组成，1∶2 000 图比例尺代码为 00；1∶1 000 图比例尺代码为 10、20、30、40；1∶500 图比例尺为 11、12、13、14、…、44。

在地籍图上标注图幅编号时，既可采用完整编号（11 位数），也可采用简略编号（6 位数），省去前五位数。标注时，公里数用大号字，比例尺代码用小号字，如图 5-1 中 1∶2 000 图幅编号为 2648_{00}；1∶1 000 图幅编号为 2648_{40}；1∶500 图幅编号为 2648_{41}。

五、地籍图表示的内容

地籍图所表示的主要内容有地籍要素、必要的地形要素以及注记整饰要素。取舍时应优先考虑地籍测量的要求。测绘的地籍图应做到位置准确、主次分明、要素齐全、清晰易懂等。

地籍图应表示的基本内容包括：界址点、界址线；地块及其编号；地籍区、地籍子区的编号和名称；土地利用类别；永久性的建筑物及构筑物；地籍区及地籍子区界；行政区界；平面控制点；道路和水域；有关地理名称及重要单位名称；另外，根据需要还可表示其他要素。

地籍图既可用单色图（黑色）表示，也可用双色图（红色、黑色）表示。

通过以上内容的学习，完成表 5-2。

表 5-2　地形图、地籍图的不同点

类别	地籍图	地形图
表示内容		
比例尺大小		
精度内涵		
分幅方法		
编号方法		
用途		

任务一　确定地籍图测绘技术方案

任务目标：

掌握地籍图测绘技术方案所包含的主要内容。

学习过程：

课件学习，分组讨论。

学习成果：

某县地籍图测绘技术设计书。

活动一　地籍图测绘准备工作

资源与器材：课件、影像图。

观看视频，分组讨论，小组发言，总结地籍测图需哪些准备工作。

【知识导航】

一、收集资料

资料收集是地籍图测绘准备很关键的工作，主要是收集有关控制点成果，测区已有地籍图、地形图等图形资料，测区已有的权属调查资料等。

二、已有资料分析

说明已有资料的数量、形式、主要质量情况（包括已有资料的主要技术指标和规格等）和评价；说明已有资料利用的可能性和利用方案等。

三、实地踏勘，制定地籍图测绘技术设计书

实地踏勘的目的是了解测区的位置范围、地形地貌等情况。通过对测区踏勘，了解测区基本情况，制定测绘技术设计书，进行仪器设备和人员准备工作。

四、作业中软件、硬件配置准备

对作业中所需的测量仪器设备、数据处理设备、数据存储设备及作业所需的交通工具、物资、通信设备等的要求；作业中所需的软件要求。

活动二　确定地籍图测绘技术路线

资源与器材：课件。

以给定的影像图，分组讨论该测区适宜的测图技术路线。

【知识导航】

地籍图的测绘根据各地的实际情况及单位的设备、人员可采用以下方法。

一、全野外数字测图

全野外数字测图是利用全站仪、GPS 接收机等在野外采集各种点位信息、图形信息，通过通讯接口与计算机连接，由测图软件自动处理获得地籍图的方法。在已知控制点上架设全站仪或 GPS，同时采集测站点与界址点、地物点、其他细部点之间的距离、角度等数据或直接采集界址点坐标，将其自动传输到电子手簿、IC 卡或便携式微机记录，现场绘制草图。内业借助计算机及其配套的数字测图软件，通过数据处理和图形编辑生成数字地籍图。

二、航空摄影测量法

随着数字化技术的不断成熟，全数字摄影测量系统得到了普遍应用。具体技术方法是：首先进行航空摄影，以航空摄影资料为信息源，利用数字摄影测量工作站（DPW—Digital Photogrammetric Worker）或其他航测数据处理软件，经数据采集、数据处理、地物测绘、图形编辑，生成符合地籍管理要求的数字线划图（DLG）及数字正射影像图（DOM）；然后在野外利用全站仪或 GPS 实地测绘界址点及其他地籍要素，将解析界址点、界址线及其他地籍要素与数字线划图叠加，经调整和整饰，形成数字地籍图。同时，制作标有界址点、界址线和主要土地使用者名称的数字地籍正射影像图。

活动三　地籍图测绘内容

资源与器材：课件、视频、影像资料。

观看视频、展示地籍图样图，分组讨论，按提供的影像资料区域，总结需要测绘的内容。

【知识导航】

一、地籍图内容选取的基本要求

（1）地籍图应以地籍要素为基本内容，突出表示界址点、界址线。

（2）地籍图作为基础图件，应有严格的数学精度，因此应有必需的数学要素。

（3）地籍图能用于多目的是由于有一个良好的地理参考系统，因此必须表示基本的地理要素，特别是与地籍有关的地物要素。

（4）地籍图图面应主次分明、清晰易懂，并便于用户添加专题图要素。

二、地籍图内容选取的基本要点

（1）具有宗地划分或对划分有参考意义的各类自然或人工地物和地貌，即这些地物或地貌本身就是权属界线或在界线的附近，如围墙、沟、路、坎等。

（2）具有土地利用现状分类划分或对划分有参考意义的各种地物或地貌，如田埂、地类界、沟、渠等。

（3）土地上的重要附着物，如水系、道路、建筑物等。

（4）在土地表面下的各种管线及构筑物，在图上不表示，如下水道、地窖、井盖等。

（5）地面上的管线只表示重要的，如万伏以上高压线、裸露的大型管道（工厂内部的根据需要考虑）等。

（6）控制点及界址点。

（7）注记部分，如房屋结构、层数、地理名称、植被等。

（8）标识符，包括地籍区号、地籍子区号、宗地号、界址点号、房产编号、门牌号等。

三、地籍图的基本内容

（一）地籍要素

（1）各级行政境界：不同等级的行政境界相重合时只表示高级境界，境界线在拐角处不得间断，要绘出点或线。

（2）地籍区及地籍子区界：地籍区（街道）是以市（县）行政建制区的街道办事处或乡（镇）的行政辖区为基础划定的，地籍子区（街坊）是根据实际情况由道路或河流等固定地物所围成的包括一个或若干个街坊而形成的地籍单元区域。

（3）宗地界址点与界址线：当图上两界址点间距小于1 mm时，以一个点的符号表示，但应正确表示界址线。当界址线与行政境界、地籍区（街道）或地籍子区（街坊）界重合时，应结合现状地物符号突出表示界址线，行政界线可移位表示。

（4）地籍号注记：包括地籍区（街道）号、地籍子区（街坊）号、宗地号、房产编号等，分别注记在所属范围内的适中位置，图幅被分割时，应分别进行注记。当注记不下时，可以指示线移位注记。

（5）宗地坐落：由行政区名、街道名及门牌号组成。门牌号除在街道首尾和拐角处注记外，其余可跳号注记。

（6）土地利用分类代码：按二级分类注记。

（7）土地权属主名称：单位注记全称，个人或个体注记权属主姓名。

（8）土地等级：对已完成土地定级估价的城镇，在地籍图上绘出土地等级界线并注记相应的土地级别代号。

（二）地形要素

（1）作为界标物的地物，如围墙、道路、房屋边线及各类垣栅等应表示。

（2）房屋及其附属设施：房屋以外墙勒角以上外围轮廓为准，并注记房屋层数及结构，装饰性的柱、垛、墙等不表示；临时性或已破坏的房屋不表示；墙体凹凸小于图上0.2 mm不表示；落地阳台、有柱走廊及雨篷、与房屋相连的大面积的台阶和室外楼梯要表示；悬空建筑，如水上房屋、骑楼等，应按实地轮廓线测绘其水平投影位置；农村的窑洞要表示；门牌号在图上可跳号注记。

（3）工矿企业露天构筑物、固定粮仓、公共设施、广场、空地等绘出其用地范围界线，内置相应符号。

（4）铁路、公路及主要附属设施：如站台、桥梁、大的涵洞和地铁、隧道及人防工程的出入口应表示，铁路路轨密集时可适当取舍，对铁路、公路除按地籍图图示规定表示外，还应测绘出其权属界线（征地界线）。

(5)建成区内街道两旁以宗地界址线为边线,道牙线可取舍。

(6)城镇街巷应表示。

(7)塔、亭、碑、像、楼等独立地物应择要表示,图上占地面积大于符号尺寸时应绘出用地范围界线,内置相应符号或注记。公园内一般的碑、亭、塔可不表示。

(8)电力线、通信线及一般架空管线不表示,但占地塔位的高压线及其塔位应表示。

(9)地下管线、地下室一般不表示,但面积较大的地下商场、地下停车场及与他项权利有关的地下建筑应表示。

(10)大面积的绿地、街心公园、园地等应表示,零星植被、街旁行树、街心小绿地及单位内部小绿地等可不表示。

(11)河流、水库等水系均应表示。对水系的测绘,无特殊要求时通常以岸边为准。当河流两岸不规则时,在保证精度的前提下,可对小的弯曲和岸边不明显的地段进行适当取舍。对于在图上只能以单线表示的沟渠,测定其中心位置。所有水系的宽度及流向均应在图上标注。对于宽度变化较大的,要分段量测并标注。

(12)平坦地区不表示地貌,起伏变化较大地区应适当注记高程点。

(13)地理名称注记。

(三)数学要素

(1)图廓线、坐标格网线的展绘及坐标注记。

(2)各级控制点的展绘及注记。

(3)测图比例尺的注记。

任务二　地籍图施测

任务目标:

1. 掌握地籍图的施测方法。

2. 掌握宗地图绘制方法。

学习过程:

1. 视频观看。

2. 场地实训。

学习成果:

1. 校园1:500地籍图。

2. 校园宗地图。

活动一　外业数据采集

资源与器材:全站仪、RTK。

以校园为测绘对象,以全野外数据采集方法(后处理模式)完成外业测量工作。

【知识导航】

目前,国内的数字地籍测绘软件已逐渐成熟,主要有南方测绘仪器公司的 CASS 系列软件、清华山维公司的 EPWS 系列软件、广州开思公司的 SCS 系列软件、天津时代天维科技开发有限公司的 Mapinsource 系列软件及武汉瑞得信息工程有限公司的数字化成图软件等。

大多数的数字地籍测绘软件具有完备的数据采集、数据处理、图形生成、图形编辑、图形输出等功能,同时还有地籍管理功能,将地籍图、地籍表格与地籍管理融为一体,能自动生成宗地图和界址点成果表。

一、全野外数据采集

(一)内外业一体化(有码作业)

(1)在采集数据时,仪器整置好后,将全站仪与电子手簿用相应的接口连接好,启动后,输入必要的测站信息。

(2)实际观测时,记录员应把地物点的属性及连接关系的编码输入手簿中,与地物点的坐标数据一块存储。

(3)内业处理时将电子手簿与计算机连接,通过“数据通讯”功能,将记录数据输入到计算机并生成带简码的坐标数据文件。

(4)利用软件的“简码识别”功能对坐标数据文件进行识别。在此过程中,还可对建筑物进行误差调整。

(5)用“绘平面图”功能自动读入识别后的数据文件,自动生成图形。

对自动生成的图形文件作必要的修改,进行图幅整饰后即可通过绘图仪输出地籍图。

这种模式的优点是自动化程度高,内业工作量小;但要求作业员必须非常熟悉简码,测站与镜站密切配合。

(二)内外业一体化(无码作业)

这种作业模式与前一种基本相同。不同之处是,要求在无码作业时绘“草图”。在草图上表示出测点的编号、地物点之间的连接关系及地物属性,草图要求尽可能详尽,地物相对位置关系要准确,直接影响到内业编辑成图的准确性和可靠性。图 5-2 是一张现场草图的一部分。

在内业处理时,根据草图编辑“编码引导文件”,然后执行“编码引导”功能生成带简码的坐标数据文件。其余工作与有码作业相同。

(三)电子平板

这种作业模式的流程如下:

(1)在测站整置仪器,然后将全站仪与笔记本电脑通过专用电缆连接,开机后进入“电子平板”定点方式,选择全站仪类型,输入测站信息及坐标数据文件名等信息。

(2)全站仪开始观测,所测数据可直接在计算机屏幕上展绘出来,利用软件所提供的功能现场成图。

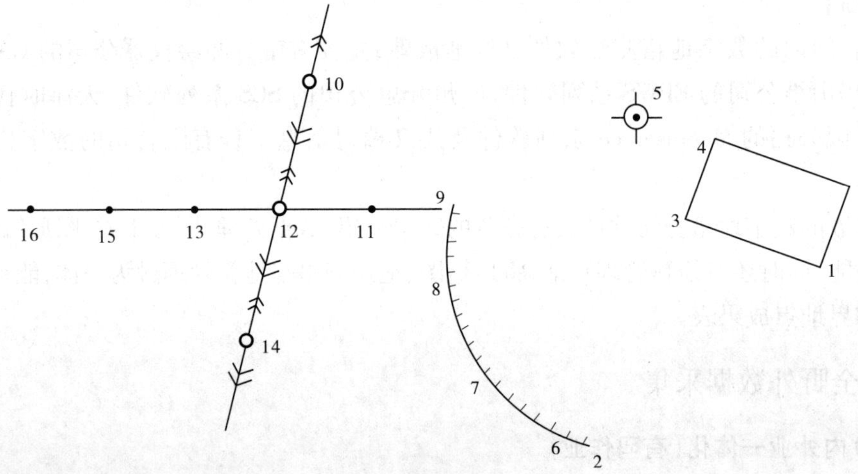

图 5-2　现场草图(节选)

这种作业模式真正实现了内外业一体化,测绘工作全部在现场完成,达到了“所测即可显,所显即所测”的效果,使成图变得更直观;但这种模式要带足备用电池,同时也会使便携机的寿命缩短。

二、影像数据采集

数字摄影测量以其高精度、高效、成图周期快、获取信息丰富等原因在地籍测绘及全国第二次土地调查中得到广泛应用。

三、原图扫描数字化采集

原图经过扫描仪获取的数据为“黑”和“白”以及一些中间色的像元,必须经过数据处理成为地籍图数据。像元的大小取决于扫描仪的步进距离等因素,其工作流程如图 5-3 所示。

(一)图面预处理

在进行扫描数字化前首先进行图面预处理。图面预处理主要是检查相邻图幅的接边情况,线状要素的连续性,图斑界线是否闭合及等高线是否连续、相接,水系的关系是否正确等;标出同一条线上具有不同属性内容线段的分界点等;添补不完整的线划,如被植被符号等压盖而间断的线划,图面上的各种注记标示清楚,包括图廓内外各种注记。

(二)分层矢量化

扫描仪获取的是栅格数据。对数字地籍图应用时,如点、线、面的计算,各种统计、分析等,要求数字地籍图必须是矢量数据表示,就要求将扫描的栅格图像数据转换为矢量数据,以坐标方式记录图形要素的几何数据。这个转换过程称为矢量化。矢量化的工作一般需要人机交互来完成,最优途径是采用扫描屏幕数字化的方法。

对一般的线段可做到自动跟踪矢量化,但由于地图上线划分布比较复杂,地物要素多样、重叠、交叉及一些字符、注记等,使得全自动跟踪矢量化有困难,故一般采用人机交互和自动跟踪结合的方法进行。由于这一过程是在屏幕上进行的,也称为屏幕数字化。

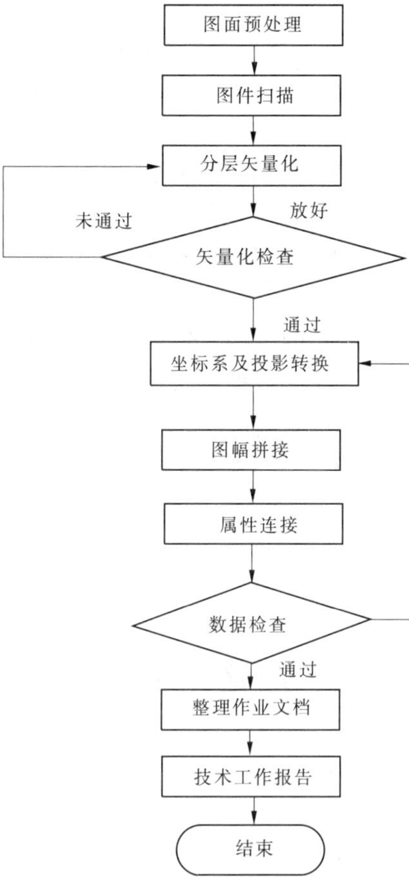

图 5-3 原图数字化工作流程

(三)坐标系及投影转换

由原图扫描生成的光栅图存在旋转、位移和畸变等误差,没有纠正过的光栅图不能真实反映原图上图形的位置和形状,因此要对扫描图进行一系列的纠正。

平面坐标的转换是根据 4 个内图廓点及格网点坐标采集和键盘输入的相应点坐标的对应关系,求出坐标系的平移和旋转参数,最后使两坐标系统一。通过坐标系的转换,基本上可以消除图纸旋转、位移和畸变等误差。当某测区跨过 2 个以上 3°带时,选择一个主带,将副带的数据转换到主带上来,如果数据源的投影方式与要求不符,还要进行投影转换。

(四)属性数据的输入

属性数据又称为非几何数据,包括定性数据和定量数据。定性数据用于描述地籍要素的分类或对要素进行标识,一般用拟定的属性码表示。定量数据则用于说明地籍图要素的性质、特征等。属性数据主要通过地籍调查和相关资料获取,用键盘输入。

属性数据可以与空间数据组织在数据文件的同一记录中,这样可以同时反映宗地空间位置及属性特征信息。但是当数据量大时,数据管理过程就显得不灵活,又会造成很大的数据冗余,从而使数据处理时间增加,降低效率。也可以将属性数据以单独的数据文件存放,采用这种方式,会简单实用,但难以实现数据共享。

(五)数据接边

数据接边是指把相邻图幅分割开的同一图形对象不同部分拼接成一个逻辑上完整的对象。在图形接边的同时要注意保持与属性数据的一致性,数据接边要满足限差要求。

(六)属性数据连接

在输入空间数据时可以直接在图形实体上附加特征编码,当数据量较大时,这种交互输入的效率太低,可用特定的程序把属性与已数字化的点、线、面空间实体连接起来。这样,只要求空间实体带有唯一的识别符即可,识别符可以用程序自动生成,也可手工输入。

(七)数据编辑处理

数据编辑处理指在数据获取和图形输出中进行的各种数据处理,包括数据检索、编辑与更新,以及执行建立图形的各种处理功能(如数据的选取、图形变换、各种专门符号的绘制和注记等)和为图形输出(宗地图、地籍图)而进行的计算机处理,这些工作都是通过调用系统和应用程序来完成的。编辑处理的途径是采用图形显示编辑方法,即将每次处理结果及时地在屏幕上显示,供编辑人员检查,以便对重复、遗漏或错误的数据进行编辑。编辑的功能包括:数据的添加、删除、修改;图形的分割、连接、显示、放大、选取、变换;以及线划、符号、注记和图廓整饰等。

活动二　地籍图编辑

资源与器材:机房。

利用测得数据,完成地籍图编辑。

【知识导航】

地籍图编辑作业步骤如下所述:

(1)绘制平面图。

首先,把外业观测数据传输到计算机。

其次,定显示区。移动鼠标至"绘图处理"下的"定显示区"来确定屏幕显示区域的大小。

①测点点号定位成图模式:这种作业模式先进行"绘图处理"菜单下的"展点"中的"野外测点点号"功能,将全部测点在屏幕上展绘出来,作业员即可根据画的草图,选择相应的图式符号在屏幕上连线成图。

②简编码自动绘图模式:这种作业模式是在数据传输、定显示区后,执行"绘图处理"菜单下的"简码识别"功能,将带简编码格式的坐标数据文件转换成计算机能识别的绘图码,然后执行"绘平面图"功能,自动将平面图绘出来。

③编码引导自动绘图模式:这种模式先编辑引导文件,通过引导文件告诉计算机地物属性及连接关系;然后执行"绘图处理"菜单下的"编码引导"功能,将"引导文件"与"无码的坐标数据文件"合并生成简码格式的坐标数据文件;最后,执行"简码识别"及"绘平面图"功能,即可实现自动绘图。

(2)编辑权属引导文件。

(3)生成权属信息文件。

按要求输入权属引导文件名、坐标数据文件名、地籍权属信息数据文件名，当提示区显示“权属合并完毕”时，表明地籍信息数据文件已自动生成。

(4)绘权属或地籍图。

执行“绘图处理”下的“绘权属或地籍图”功能，根据需要选择注记内容，在输入要绘制的范围后，自动绘出该范围内的地籍图。

(5)注记界址点点名。

执行“绘图处理”下的“注记界址点点名”功能，输入权属信息数据文件名，给出注记范围，就会自动注记界址点点名。

(6)图幅整饰。

执行“绘图处理”菜单下的“图幅整饰”的“标准图幅”(50 cm×50 cm)，按要求输入图幅名、测量员、绘图员、审核员、图幅西南角坐标等信息，系统自动绘出标准图幅的地籍图。

活动三　宗地图绘制

资源与器材：机房、模拟数据。

1. 将完成的校园地籍图编辑生成宗地图。
2. 将给定的模拟数据编辑生成宗地图。

【知识导航】

一、宗地图的概念

宗地图是描述宗地位置、界址点、界址线和相邻宗地关系的实地记录，是在地籍测绘工作的后期阶段，对界址点坐标进行检核后，确认无误，并且在其他的地籍资料也正确完成的情况下，依照一定的比例尺制作成的反映宗地实际位置和有关情况的一种图件。在日常地籍工作中，一般逐宗实测绘制宗地图。宗地图样图见图5-4。

宗地图和分幅地籍图是地籍的组成部分，是宗地现状的直观描述。宗地图是以宗地为单位编绘的地籍图，分幅地籍图是以标准分幅绘制的地籍图。宗地图与地籍图上的内容必须一致。

二、宗地图的内容

(1)所在图幅号、地籍区(街道)号、地籍子区(街坊)号、宗地号、界址点号、利用分类号、土地等级、房屋栋号。

(2)本宗地用地面积值和实量界址边长或反算的界址边长。

(3)相邻宗地的宗地号及相邻宗地间的界址分隔示意线。

(4)紧靠宗地的地理名称。

(5)宗地内的建筑物、构筑物等附着物及宗地外紧靠界址点线的附着物。

(6)本宗地界址点位置、界址线、地形地物的现状、界址点坐标表、权利人名称、用地性质、用地面积、测图日期、测点(放桩)日期、制图日期。

(7)指北方向和比例尺。

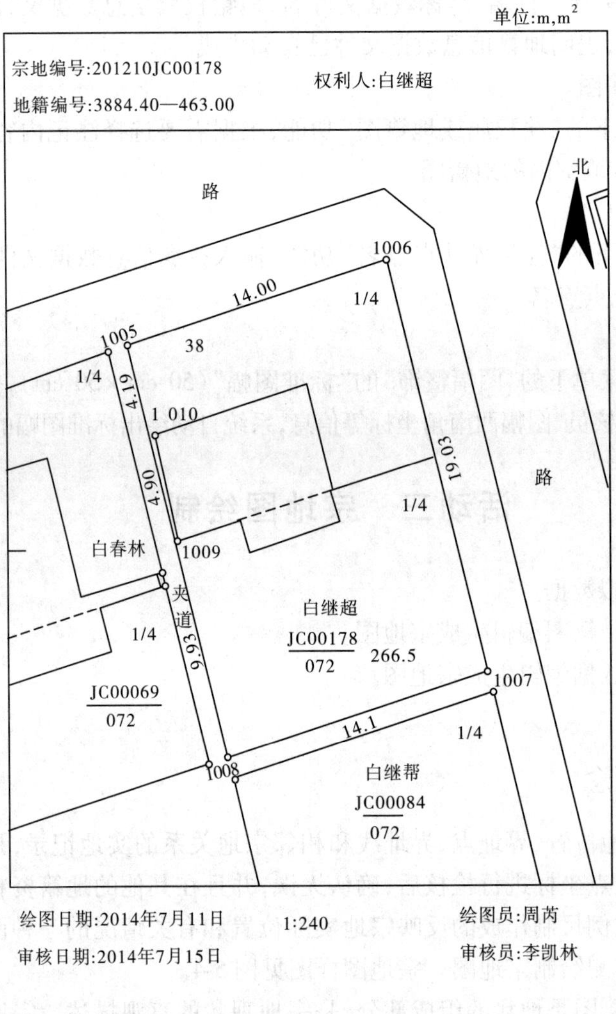

图 5-4　宗地图样图

(8)为保证宗地图的正确性,宗地图要有检查审核,宗地图的制图者、审核者均要在图上签名。

三、宗地图的特性

根据宗地图的概念和内容,宗地图有以下特性:

(1)宗地图是地籍图的一种附图,是地籍资料的一部分。

(2)图中数据都是实量得到的或实测得到的,精度高且可靠。

(3)其图形与实地有严密的数学相似关系。

(4)相邻宗地图可以拼接。

(5)标识符齐全,人工和计算机都可方便地对其进行管理。

四、宗地图的作用

基于以上特性,宗地图有以下作用:

(1)宗地图是土地证上的附图,它通过具有法律手续的土地登记过程的认可,使土地所有者或使用者对土地的拥有或使用感到可靠的法律保证,宗地草图则不能做到这一点。

(2)宗地图是处理土地权属问题的具有法律效力的图件,比宗地草图更能说明问题。

(3)在地籍变更测绘中通过对这些数据的检核与修改,较快地完成地块的分割与合并等工作,直观地反映了宗地变更的相互关系,也便于日常地籍管理。

五、宗地图的编绘

编绘宗地图时,应做到界址线走向清楚,坐标正确无误,面积准确,四至关系明确,各项注记正确齐全,比例尺适当。

宗地图图幅规格根据宗地的大小选取,一般为 A3 或 A4 纸等,界址点用 0.8 mm 直径的圆圈表示,界址线粗 0.3 mm,用红色或黑色表示。

任务三　地籍图整饰与输出

任务目标:

掌握地籍图的整饰。

能够使用打印机进行地籍图的输出。

学习过程:

机房实训。

学习成果:

1. 按图式要求整饰完整的校园地籍图。

2. 1∶500 地籍图的输出。

活动一　地籍图整饰

资源与器材:机房。

参照图 5-5 ~ 图 5-7,完成校园地籍图、给定模拟数据地籍图的整饰。

【知识导航】

地籍图的整饰分图内整饰和图廓整饰。图内整饰要依据地籍图图式规定的符号,按照地籍图图式,进行认真描绘和注记,做到不移位、不增加,忠于野外实地情况。

整饰的内容包括地籍图上地籍要素的图式符号、注记规格和要求。

整饰时应注意:

(1)符号旁标注的尺寸以毫米为单位。

(2)未规定尺寸的线粗应为 0.15 mm,虚线的线长应为 2.0 mm,间隔应为 1.0 mm。

(3)地籍图、宗地图上的汉字注记除图名外,一律采用细等线体,阿拉伯数字一律采用等线体。字头方向除门牌号和宗地图上的边长注记允许向西外,一律向北。

(4)地籍图的图内、图廓整饰规格按照样式执行。

地籍要素图式符号应符合表 5-3 的规定。

表 5-3　地籍图式符号表

编号	符号名称	图示	简要说明
1	界址点	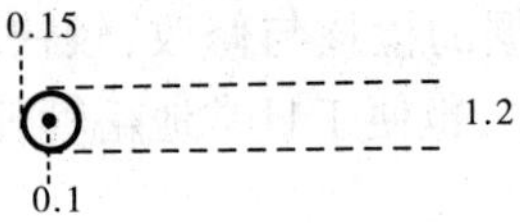	各类界址点均用直径 1.2 mm 圆圈表示，圆心直径 0.1 mm，圆圈线 0.15 mm，RGB 000。
2	界址线		各类界址线均用 0.3 mm 的线表示，RGB 25500。
3	工作界线	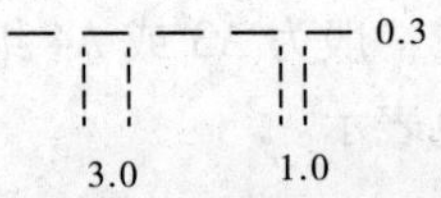	对超出宗地权属界线，实际占用的土地边界线地籍图上以此符号表示，RGB 25500。
4	争议界线	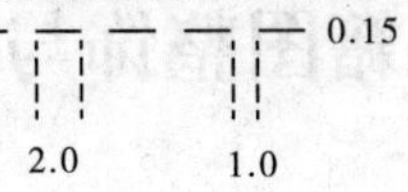	界址线有争议难以明确的，按照此符号表示，RGB 25500。
5	地类界线		一宗地内几部分用途不同的土地界线用此符号表示，RGB 000。
6	地籍区号	002 宋体(5.5)	注记在地籍区的适中位置，RGB 000。
7	地籍子区号	(024) 中等线体(4.5)	注记在地籍区的适中位置，RGB 000。
8	宗地号	GB00005 中等线体(3.0)	置于每宗地的中央部位。宗地编号前的“0”可以省略，RGB 000。
9	地类编码	$\frac{\text{GB 00005}}{071}$ 中等线体(3.0)	将地类编码标注于宗地号的下方，合成一组分数式，可视要素疏密程度字体高度适当缩小，RGB 000。
10	地籍区界线		RGB 239 191 255
11	地籍子区界线		RGB 239 191 255

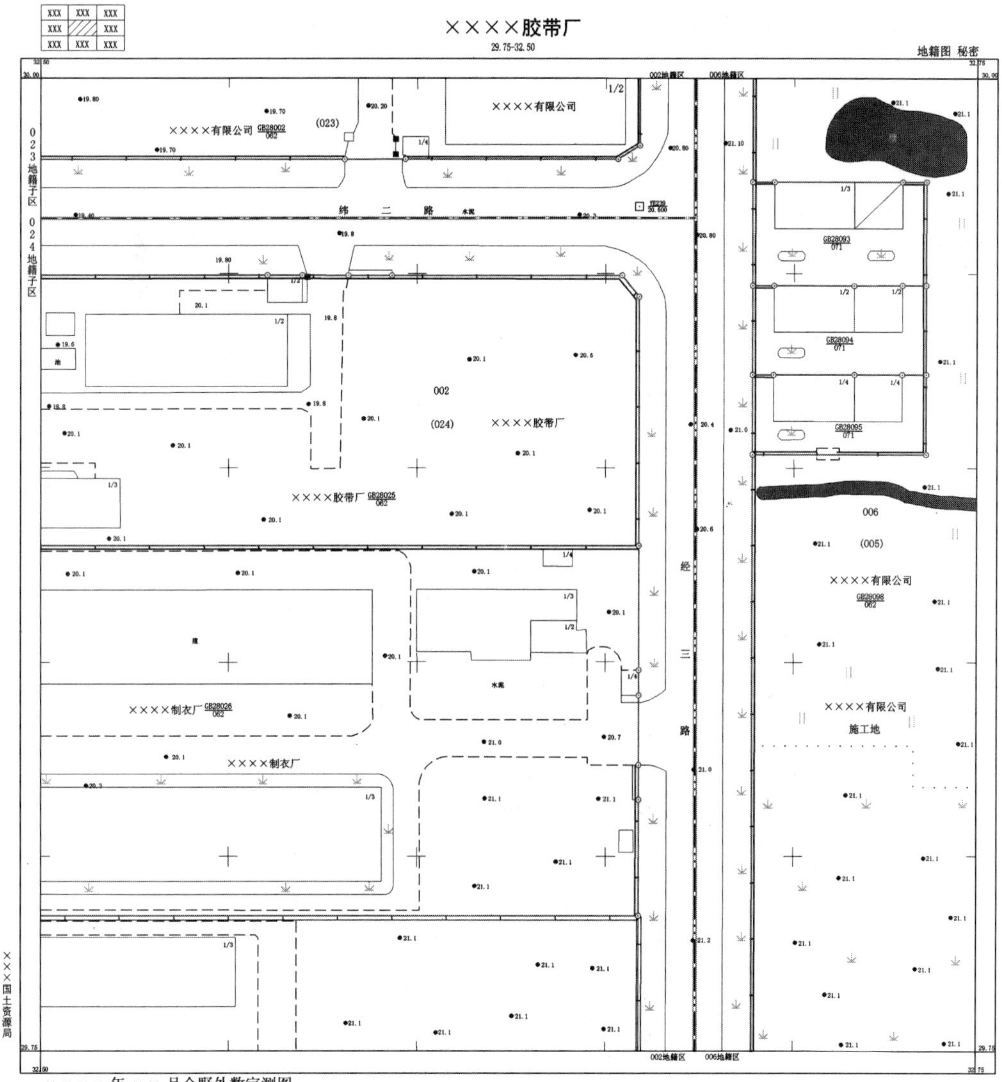

××××年××月全野外数字测图
1980西安坐标系
1985国家高程基准
2007年版图式

1:500

附注：本图房屋未注结构、层数的均为一层砖房。

图5-5　地籍图

宗 地 图

(单位:m,m²)

宗地代码:340602101213JB00925　　土地权利人:兴华皮革厂

所在图幅号:3762.00—494.50　　宗地面积:253.74 m²

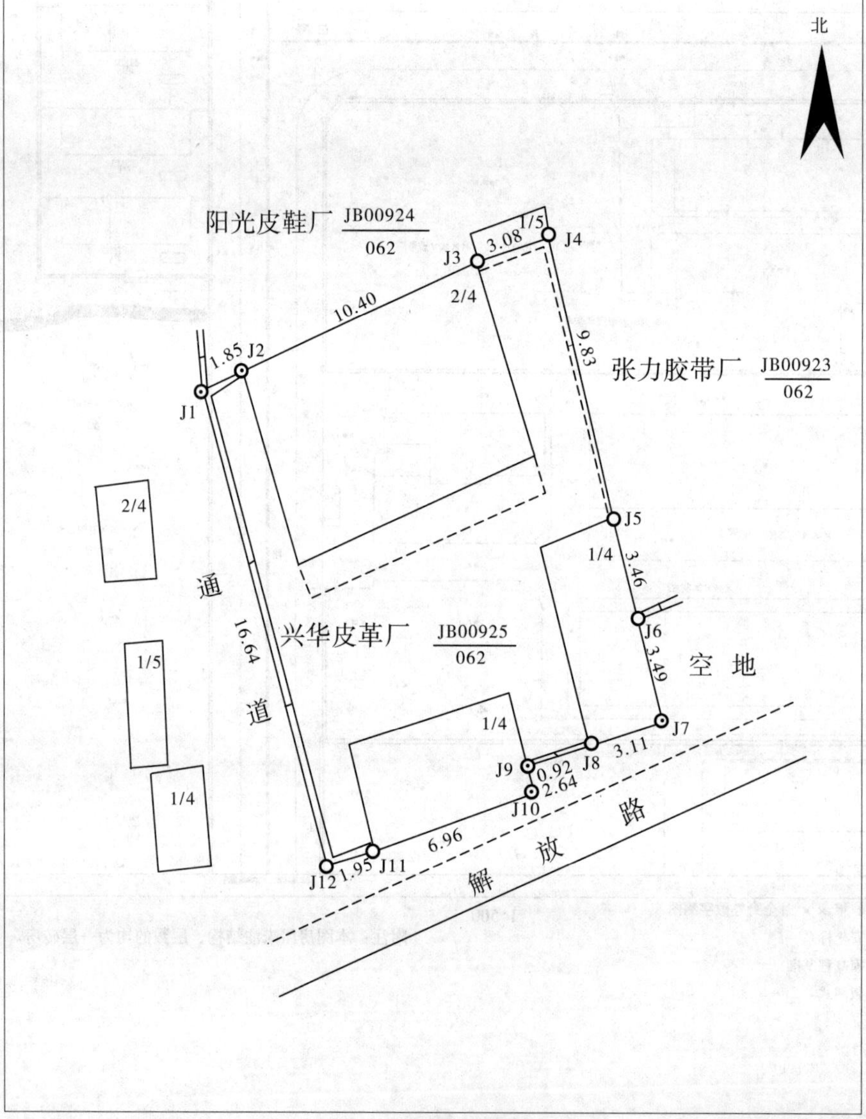

×××国土资源局

××××年××月解析法测绘界址点　　1∶200　　制图者：×××

制图日期：××××年××月××日　　审核者：×××

审核日期：××××年××月××日

图 5-6　集体建设用地宗地图

宗 地 图

(单位:m,m^2)

宗地代码:340602101213JB00050　　土地权利人:张三

所在图幅号:3762.00-494.50　　宗地面积:237.41 m^2

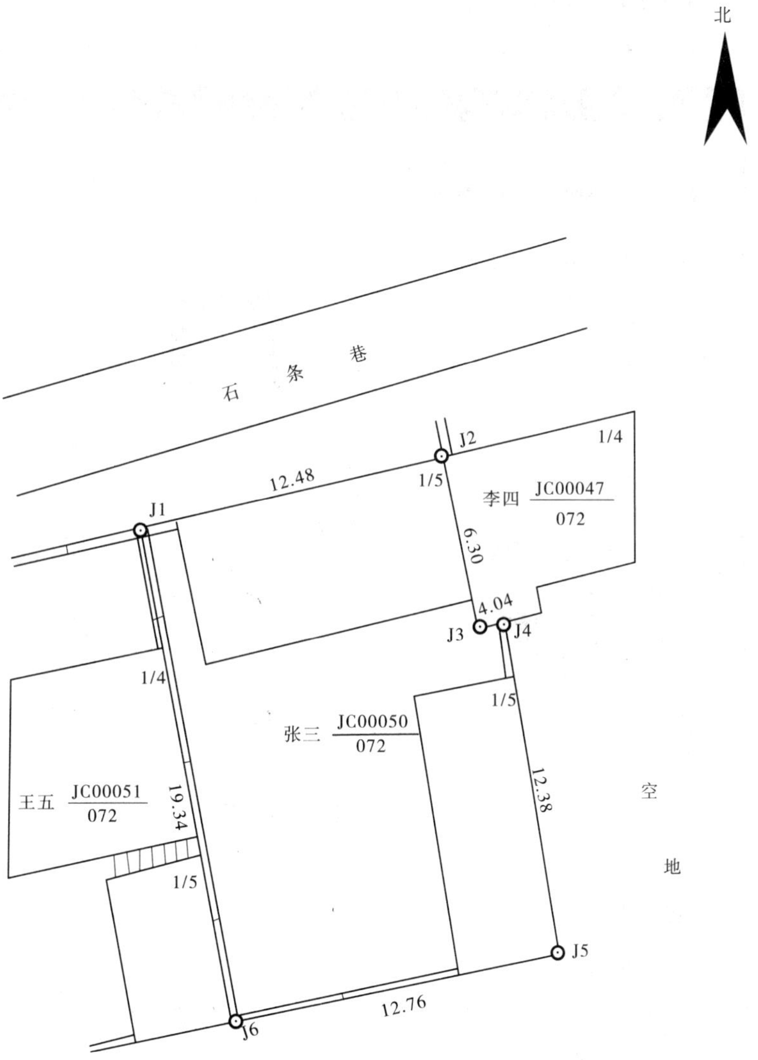

×××国土资源局

××××年××月解析法测绘界址点
制图日期：××××年××月××日
审核日期：××××年××月××日

1：200

制图者：×××
审核者：×××

图 5-7　宅基地宗地图

活动二　地籍图输出

资源与器材：机房。

利用 HP LaserJert 5200LX PCL 6 打印机打印 1∶500 地籍图。

【知识导航】

以南方 CASS9.0 为例进行介绍。

开始，选择“文件(F)”菜单下的“绘图输出...”项，进入“打印”对话框（见图 5-8）。

图 5-8　打印机“打印”对话框

一、普通选项

(1)设置“打印机/绘图仪”框。

首先，在“打印机配置”框中的“名称(M)：”一栏中选相应的打印机，然后单击“特性”按钮，进入“打印机配置编辑器”。

在“端口”选项卡中选取“打印到下列端口(P)”，单选按钮并选择相应的端口（见图 5-9）。

在“设备和文档设置”选项卡中：

①选择“用户定义图纸尺寸与校准”分支选项下的“自定义图纸尺寸”（见图 5-10）。在下方的“自定义图纸尺寸”框中单击“添加(A)”按钮，添加一个自定义图纸尺寸（见图 5-11）。

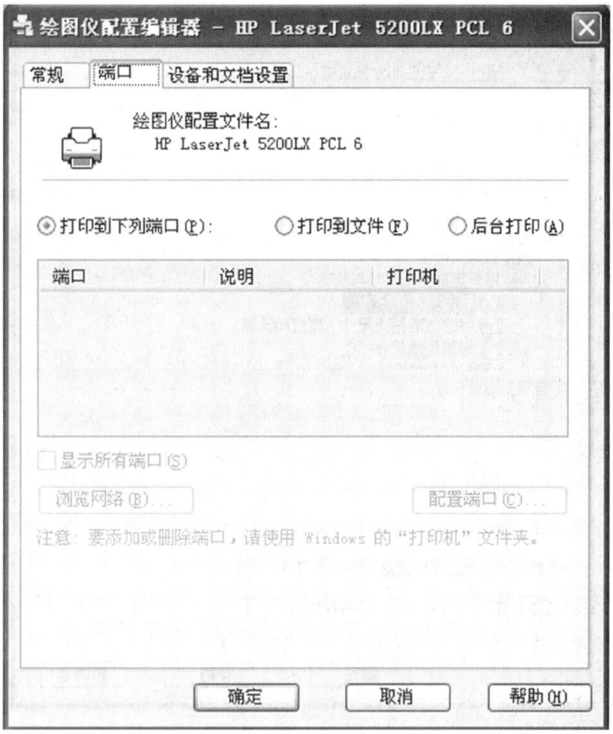

图 5-9　打印机配置编辑器端口设置

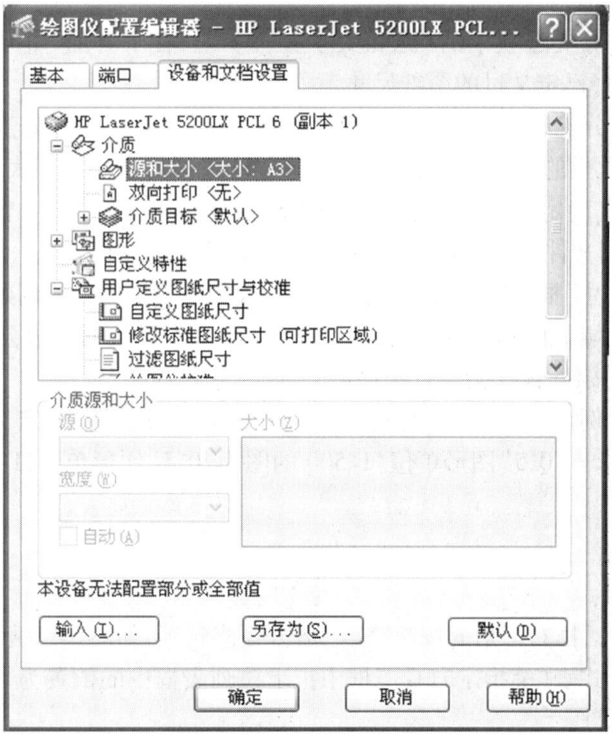

图 5-10　打印机配置编辑器设备和文档设置

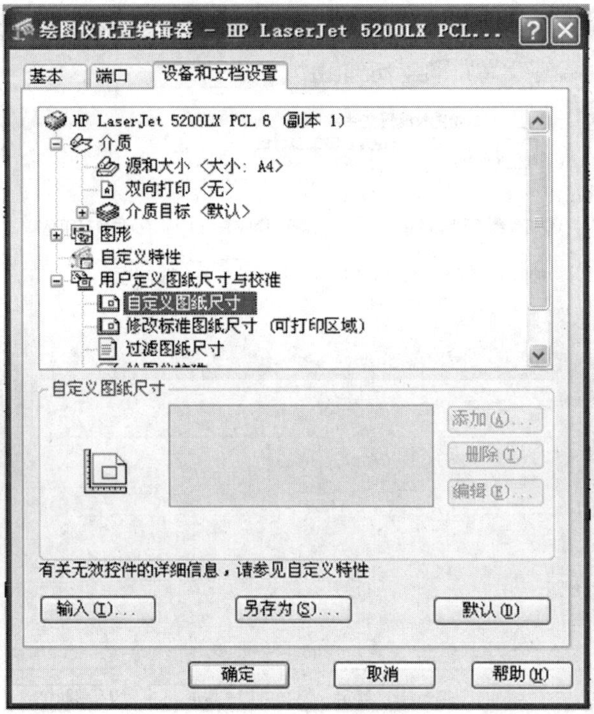

图 5-11　打印机配置自定义图纸尺寸

②选择“介质”分支选项下的“源和大小 <…>”。在下方的“介质源和大小”框中的“大小(Z)”栏中选择已定义过的图纸尺寸。

③选择“图形”分支选项下的“矢量图形 <…> <…>”。在“分辨率和颜色深度”框中，把“颜色深度”框里的单选按钮框置为“单色(M)”，然后把下拉列表的值设置为“2 级灰度”，单击最下面的“确定”按钮。这时，出现“修改打印机配置文件”窗口，在窗口中选择“将修改保存到下列文件”单选按钮。最后单击“确定”按钮完成。

(2)把“图纸尺寸”框中的“图纸尺寸”下拉列表的值设置为先前创建的图纸尺寸。

(3)把“打印区域”框中的下拉列表的值置为“窗口”，下拉框旁边会出现按钮 “窗口”，单击“窗口(O) <”按钮，鼠标指定打印窗口。

(4)把“打印比例”框中的“比例(S)：”下拉列表选项设置为“自定义”，在“自定义：”文本框中输入“1”毫米 =“0.5”图形单位(1:500 的图为“0.5”图形单位;1:1 000 的图为“1”图形单位，依此类推)。

二、更多选项

点击“打印”对话框右下角的按钮“《”，展开更多选项，如图 5-12 所示。

(1)在“打印样式表(笔指定)(G)”框中把下拉列表框中的值置为“monochrome. ctb”打印列表(打印黑白图)。

(2)在“图形方向”框中选择相应的选项。

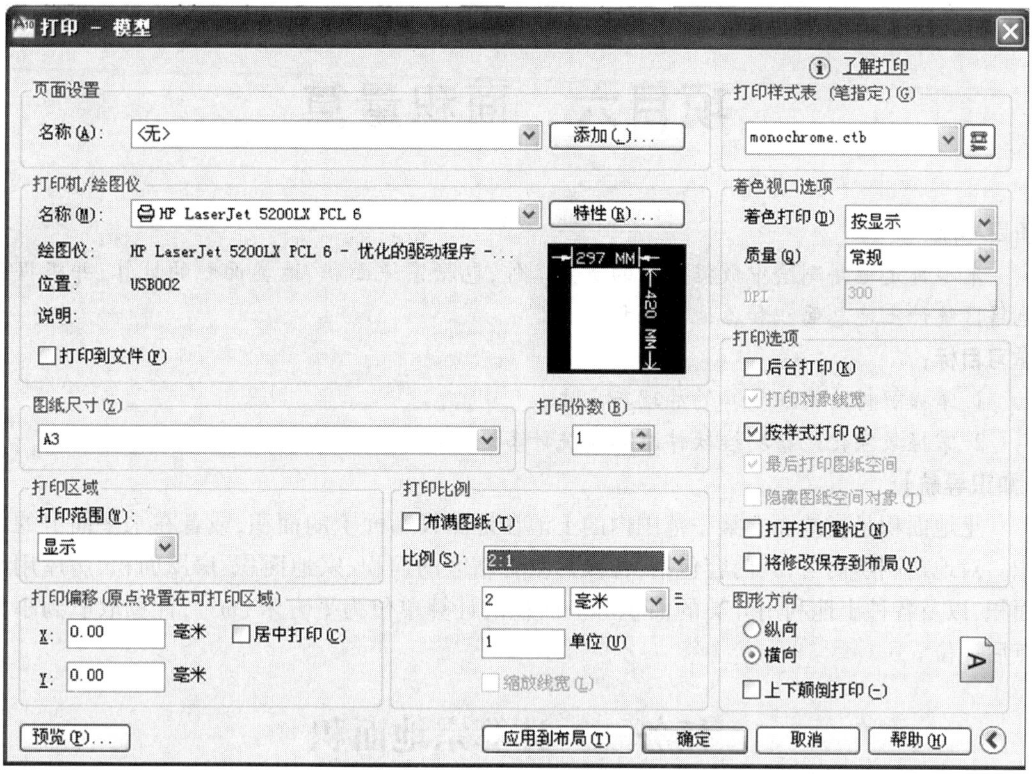

图 5-12 打印对话框(含更多选项)

三、"预览"和打印

单击"预览(P)..."按钮对打印效果进行预览,最后单击"确定"按钮打印。

习 题

1. 简述地籍图基本知识。
2. 简述地籍图测绘内容。
3. 地籍图成图方法有几种?
4. 简述航测法成图的技术路线与方法。
5. 什么是宗地图?
6. 宗地图包括哪些内容?
7. 简述地籍测绘外业数据采集的方式。

项目六　面积量算

项目导航：

本项目是地籍测绘中数据处理的重要工作，包括宗地面积、地类面积的计算，并根据各地籍区统计土地总面积和各地类面积。

学习目标：

1. 掌握解析法面积量算的原理与方法。
2. 掌握数字化地籍测绘软件求算及统计各地类面积。

【知识导航】

土地面积是指地面上某一范围内的土地在地图投影面上的面积，或者在水平面上的面积。对地籍测绘而言，其内容包括：各级行政管辖区的面积、宗地面积、房屋面积、房屋用地面积，以及各种土地利用分类的面积等。面积的计算单位为平方米（m^2），计算取值到小数点后一位。

任务一　计算宗地面积

任务目标

1. 掌握解析法面积量算。
2. 掌握数字化地籍测绘软件生成及统计面积。

学习过程

1. 启发引导。
2. 实际操作。

活动一　坐标法计算面积

资源与器材：计算器。

某权属单位共有6个界址点，界址点点号分别为：J_{01}、J_{02}、J_{03}、J_{04}、J_{05}、J_{06}。6个界址点的坐标分别为J_{01}（43 782.334，67 165.379）、J_{02}（43 573.622，67 152.644）、J_{03}（43 591.257，66 999.762）、J_{04}（43 587.857，66 999.672）、J_{05}（43 602.741，66 817.223）、J_{06}（43 783.866，66 819.700），试用坐标解析法求算该宗地面积。

活动二　几何解析法计算面积

资源与器材：钢卷尺、直尺、三角板。

本活动通过学生丈量并计算矩形表面的任意物体，让学生体会几何解析法面积量算的基本过程。

2 人一组，自由选取目标，进行面积量算。目标不易选取过大，且面积计算方便。可以量取课桌、板凳等矩形表面的任意物体，利用几何解析法计算所量图形的面积。

【知识导航】

一、面积量算方法

面积量算的方法较多，根据数据资料的来源性质和量算手段的不同，可分为解析法和图解法两种。

解析法是根据直接在实地量测的有关元素，通过计算求得土地面积的一种方法。其中包括：坐标解析法和几何要素解析法。

坐标解析法是根据直接在野外实地测得的被量算土地周边各拐点的坐标，按坐标计算面积的公式计算出土地的面积。该方法一般适用于大比例尺地籍调查宗地面积计算。

几何要素解析法是根据野外直接在实地测得的被量算土地的有关边、角元素，按一定几何公式计算出土地的面积。该方法一般适用于规则图形面积计算。

图解法是采用一定的量算工具和方法，在图上进行面积量算。也就是说，凡是直接在图上测算面积（无论采用何种工具和方法），均属于图解法面积量算。该方法一般在中小比例尺土地调查中使用。

解析法求出的面积一般来说精度较高，其精度主要取决于野外的测量精度和内业的计算精度。目前面积的计算，多使用计算机或性能较强的计算器。

二、解析法量算面积

解析法按测算的要素不同，计算的方法也不同，可分为以下两种。

（一）坐标解析法

在实地测得被量算土地或建筑物周边各界址点、房角点的坐标，按坐标计算面积的公式，计算出土地或建筑物面积的方法称为坐标解析法。

某宗地形状如图 6-1 所示，现已测得各点界址点坐标，有了这些界址点的坐标，就可根据下面的公式计算出相应的宗地面积。

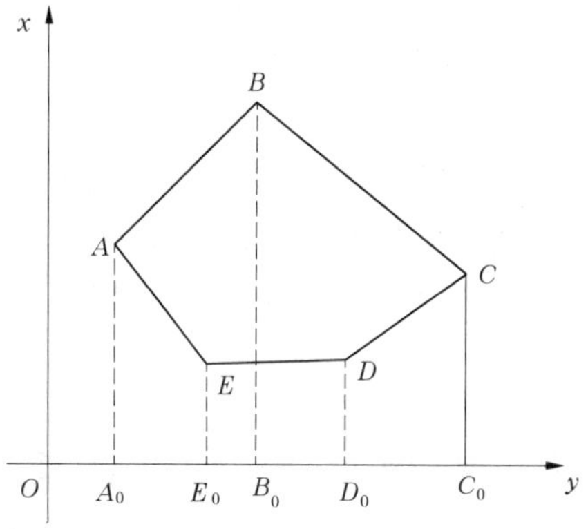

图 6-1　坐标法

$$p = \frac{1}{2}\sum_{i=1}^{n} x_i(y_{i+1} - y_{i-1}) \tag{6-1}$$

或

$$p = \frac{1}{2}\sum_{i=1}^{n} y_i(x_{i-1} - x_{i+1}) \tag{6-2}$$

在式(6-1)和式(6-2)计算时,当 $i=1$ 时,$i-1=n$;当 $i=n$ 时,$i+1=1$。

坐标解析法计算面积时,可分别利用式(6-1)和式(6-2)对同一图形进行计算,以便进行检核。

利用坐标解析法求得面积后,可按下式计算面积量算中误差:

$$m_p = \pm m_j \sqrt{\frac{1}{8}\sum_{i=1}^{n}\left[(x_{i+1} - x_{i-1})^2 + (y_{i+1} - y_{i-1})^2\right]} \tag{6-3}$$

式中　m_p——面积量算中误差,m^2;

m_j——界址点、房角点或边界点中误差,m。

在式(6-3)中,i 为界址点、房角点或边界点的点号,一般从 1 开始按顺时针方向依序号连续顺编,当 $i=1$ 时,令 $i-1=n$;当 $i=n$ 时,令 $i+1=1$。

【例 6-1】　现有一宗地,其宗地界址点坐标如图 6-2 所示,计算该宗地面积。

$J_1(275,70)$,$J_2(355,205)$,$J_3(250,345)$,

$J_4(95,250)$,$J_5(70,150)$

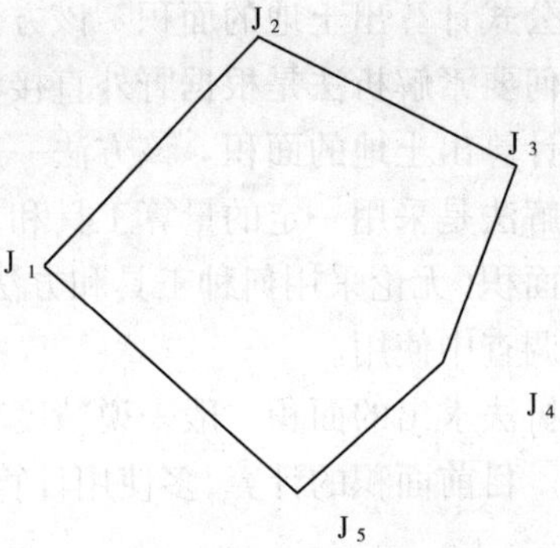

图 6-2　某宗地示意图

解:由公式(6-1):

$$p = \frac{1}{2}\sum_{i=1}^{n} x_i(y_{i+1} - y_{i-1})$$

$$= 1/2 \times [275 \times 55 + 355 \times 275 + 250 \times 45 + 95 \times (-195) + 70 \times (-180)]$$

$$= 1/2 \times 92\ 875$$

$$= 46\ 437.5(m^2)$$

同理:

$$p = \frac{1}{2}\sum_{i=1}^{n} y_i(x_{i-1} - x_{i+1})$$

$$= 46\ 437.5(m^2)$$

(二)几何要素解析法

在实地用仪器或工具,量测被测地块必要的边、角要素,代入严密的几何公式计算面积的方法,称为几何要素解析法。对于规则图形,可根据实地测量的有关要素,直接代入公式计算面积;对于不规则的图形,则应将其分割成简单的几何图形(如矩形、梯形、三角形等)后,再分别计算面积并相加。

活动三　利用 CASS 软件计算面积

资源与器材:机房、模拟数据。

本活动通过 CASS 软件进行简单的宗地、图斑面积计算,让学生对 CASS 软件计算面积有初步认识。

一、在地籍命令下拉菜单中，进行宗地面积计算

（1）在地籍命令下拉菜单中，选择“地籍参数设置”（见图6-3），将“地籍图注记”下的面积勾上。

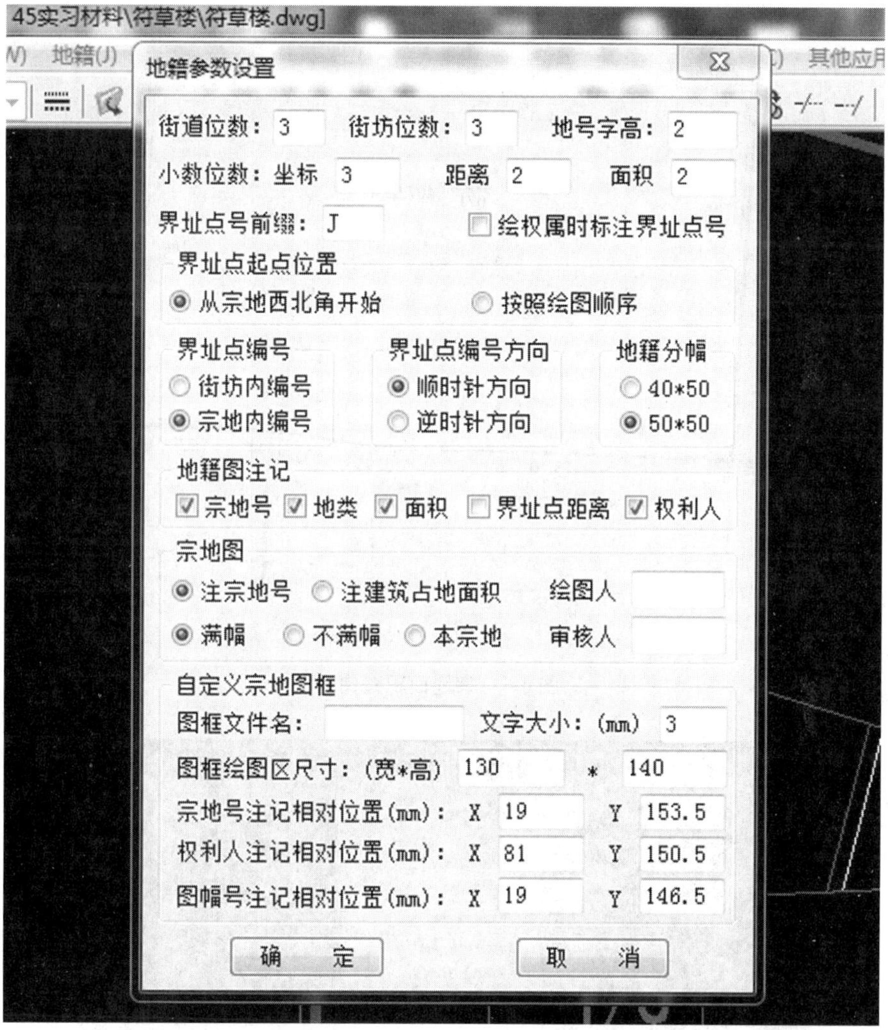

图6-3　参数设置

（2）选择菜单“地籍”，选择“绘制权属线”，绘制宗地权属界线后，即可显示宗地面积，如图6-4所示。

二、在土地利用下拉菜单中，进行图斑面积计算

土地利用下拉菜单中，直接在图中显示图斑面积。

土地利用—图斑—绘图生成，生成图斑后，面积直接显示在图斑内。

三、在工程应用下拉菜单中，进行单个实体面积计算

计算单个实体面积：CASS—工程应用—查询实体面积，如图6-5所示。

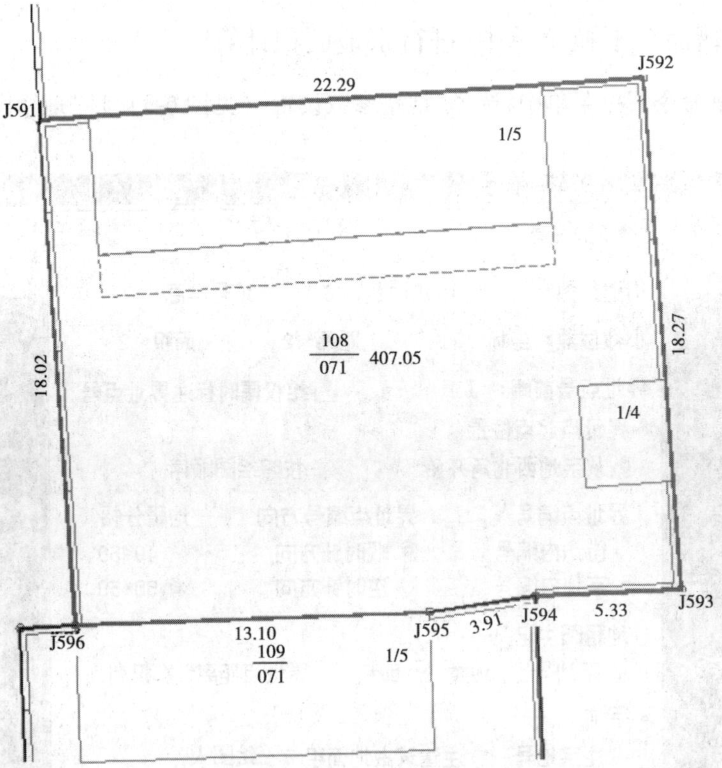

图 6-4　宗地面积查询

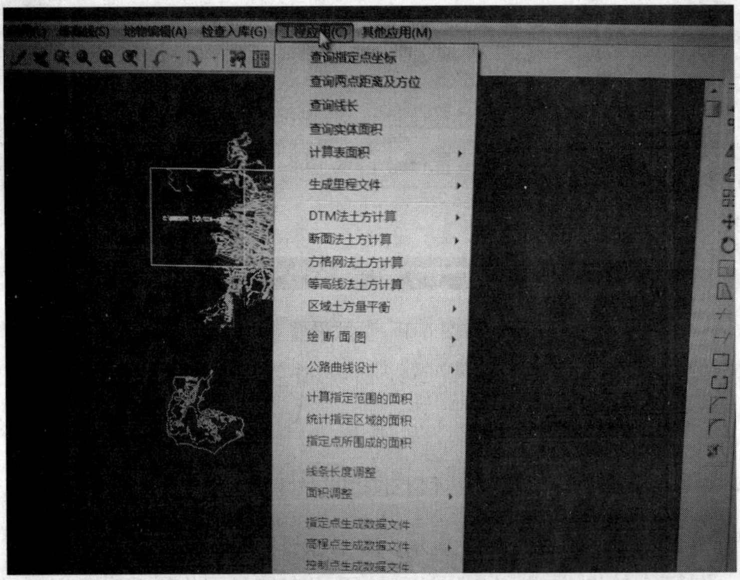

图 6-5　菜单

活动四　面积改正

资源与器材:计算器。

某宗地通过坐标解析法计算出的面积为446 437.5 m^2,假设该地区位于海拔为1 500 m的丘陵地带,地表倾斜角度为10°,结合背景知识试求该宗地实际土地面积。

本活动通过计算地表高程的变化、地表倾斜等因素对面积的影响,让学生理解面积量算往往出现误差,需要对其进行相应改正。

【知识导航】

一、地面高程变化引起的面积改正

在进行面积量算时,得到的是投影平面面积,当被量算图形位于海拔1 500 m以上的高原时,图形面积与实地面积的差值将很显著,在这种情况下应加以改正。

如图6-6所示,MN表示地面,L为地球表面上MN的长度,M_0N_0表示参考椭球面,L_0为参考椭球面上M_0N_0的长度。假设参考椭球面与大地水准面重合并近似为球面,则由相似图形面积之比等于相应边长平方之比的定理得:

$$\frac{p}{p_0}=\frac{(H+R)^2}{R^2} \tag{6-4}$$

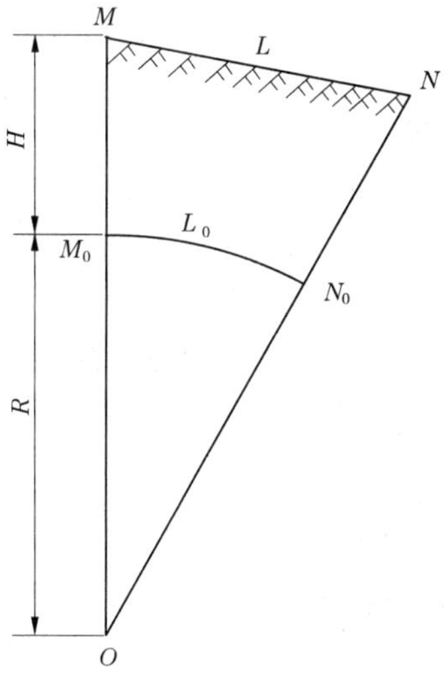

图6-6　地面高程引起的面积改正

由于R为定值,可利用不同的高程值代入$\frac{2H}{R}$便可求得不同的改正系数,如表6-1所示。

表 6-1　地面高程改正系数

H(m)	$2H/R$	H(m)	$2H/R$
100	1/32 000	1 500	1/2 100
500	1/6 400	2 000	1/1 600
1 000	1/3 200	3 000	1/1 060

从表 6-1 中不难看出，若在图上量测面积误差 < 1/2 000，而图上被量算图形所在地面的平均高程小于 1 500 m 时，可不进行改正。

二、地表倾斜的影响

通过上述改正后得到的面积，仍然是平面面积，但地面多是倾斜的，有时要求求出相应的地面倾斜面积。地球的自然表面是十分复杂的，这里只讨论等坡度的情况。

如图 6-7 所示，P_0为水平面积，P_1为倾斜面上的面积，地面倾斜角度为 α，L_0 为水平面上的长度，L_1为倾斜面上的长度。从图 6-7 中不难看出：

$$P_1 = \frac{P_0}{\cos\alpha} \tag{6-5}$$

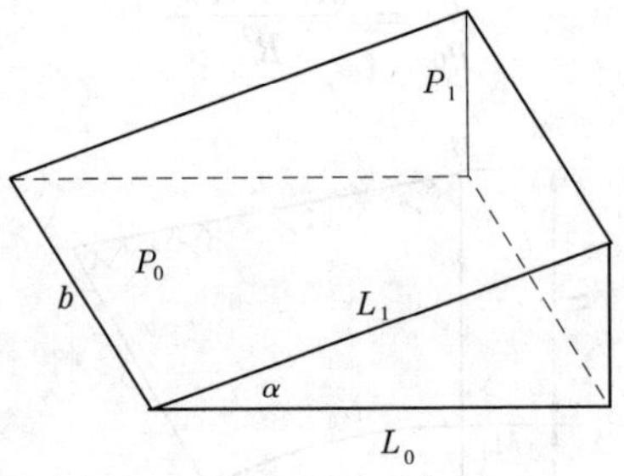

图 6-7　地表倾斜对土地面积量算的影响

将 $\cos\alpha$ 按幂级数展开得：

$$\cos\alpha = 1 - \frac{\alpha^2}{2!} + \frac{\alpha^4}{4!} - \cdots$$

舍去 α^4以后各式，并代入式(6-5)可得：

$$P_1 = \frac{L_0 b}{1 - \frac{\alpha^2}{2}} = \frac{P_0}{1 - \frac{\alpha^2}{2}} = \frac{P_0\left(1 + \frac{\alpha^2}{2}\right)}{1 - \frac{\alpha^4}{4}}$$

舍去微小项 α^4，则有：

$$P_1 = P_0 + P_0\frac{\alpha^2}{2} \tag{6-6}$$

式(6-5)中 α 以弧度为单位，$\frac{\alpha^2}{2}$为倾斜地面的面积改正系数。

任务二　面积统计

任务目标

掌握面积统计的方法。

学习过程

实际操作。

活动一　面积统计

资源与器材:机房。

一、统计整个图所有宗地的面积

地籍—输出宗地属性,生成 mdb 的文件,查找 zdinfo 表格,打开可以看到每个宗地的面积,然后进行相应的计算。

二、按地类统计图斑面积

如图 6-8 所示,土地利用—图斑—统计面积,输入统计表左上角位置,接着:选目标;选边界。然后选择对象或指定统计边界。

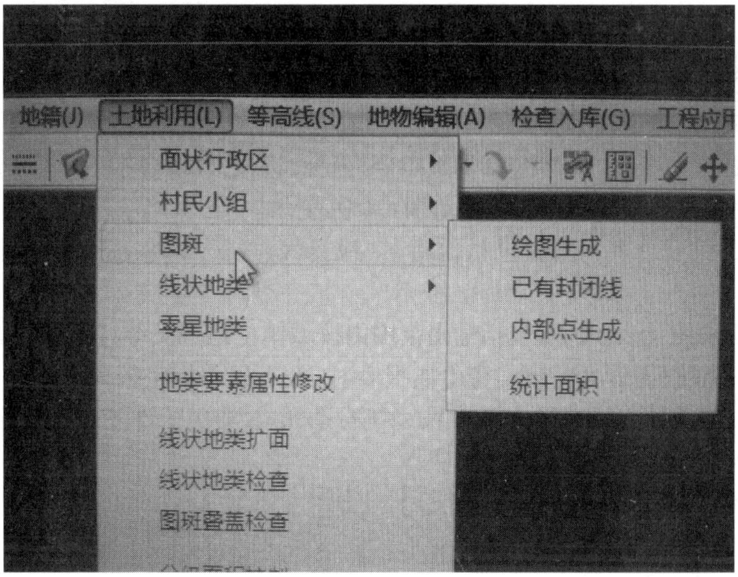

图 6-8　菜单统计面积

三、工程应用下拉菜单中

(1)统计相应区域的面积:CASS—工程应用—统计指定区域的面积。

(2)计算指定范围的面积:CASS—工程应用—指定点所围成的面积。

四、生成分类面积统计表

如图 6-9 所示，土地利用—统计土地利用面积—选择行政区或权属区，输入行数，输入分类面积统计表左上角坐标。

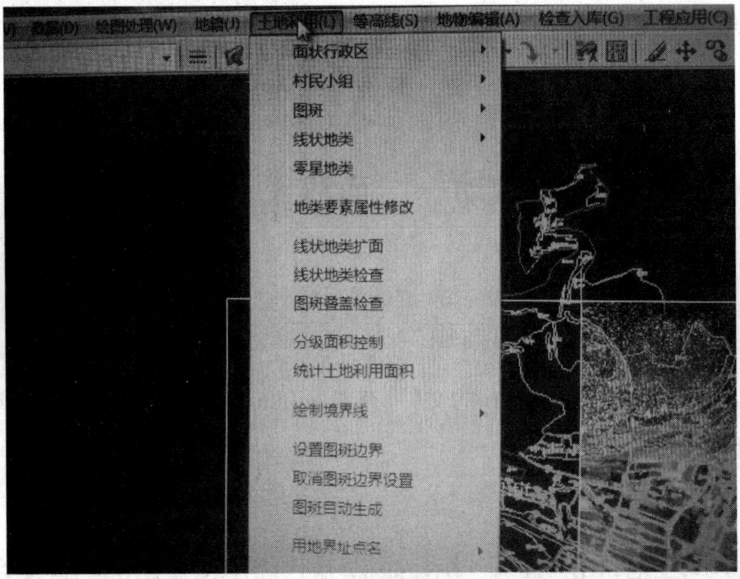

图 6-9　面积统计

五、与面积计算和汇总相关的输出打印报表

(1)界址点成果表。内容包括界址点号、界址点坐标，如外业测有高程，还包括各界址点高程。输出范围：宗地、街坊。

(2)宗地面积计算表。内容包括界址点号、坐标、边长，以及各宗地内建筑占地面积、建筑面积、建筑密度和建筑容积率。输出范围：宗地、街坊。

(3)宗地面积汇总表。内容包括地籍号、地类号、地类代码、面积。输出范围：街道、街坊。

(4)地类面积统计表。内容包括输出范围内按城镇土地分类统计的各类面积及汇总结果。输出范围：街坊、街道、区、市。在生成报表时，人工只需指定报表输出的范围及区、街道、街坊号，然后一切计算和汇总均由测图系统自动完成，避免了许多人工差错。

习　题

1. 什么是土地面积？

2. 面积量算有几种方法？其适用范围是什么？

3. 面积统计有哪些类型？

4. 现有一宗地界址点的坐标为 $A(380,260)$、$B(400,420)$、$C(175,390)$、$D(210,220)$，请计算宗地面积。

项目七　地籍变更调查与测量

项目导航：

本项目主要学习地籍变更调查与测量的基本知识。地籍变更调查与测量是指在完成初始地籍调查与测量之后，为适应日常地籍管理工作的需要，使地籍资料保持现势性而进行的土地及其附着物的权属、位置、数量、质量和土地利用现状的变更调查与测量工作。通过地籍变更调查与测量，从而实现动态的、规范的、科学的日常地籍管理。通过本项目的学习，要求掌握地籍变更调查、变更测量及资料的处理。

学习目标：

1. 掌握地籍变更调查方法。
2. 掌握地籍变更测量方法。

任务一　地籍变更调查

任务目标：

完成地籍变更调查的内容，并整理相关资料。

学习过程：

根据活动的要求准备地籍变更调查资料，在相关知识的支撑下，按照变更调查的要求完成地籍变更调查。

活动一　变更调查资料的准备

资源与器材：地籍调查表、档案资料。

案例背景：郑州测绘学校原土地使用按照“前场后院”的模式布局，即西侧是教学区，东侧为教职工生活区。随着国家相关制度的变更，教职工生活区按照国家房屋制度改革的要求，将所有成套住宅按照市场价格出售给教职工。现涉及本宗地的土地分割，请根据相关背景知识完成地籍变更调查。

【知识导航】

一、所需资料设备

将所需资料设备填入表 7-1 中。

表 7-1 资料设备清单

序号	资料名称	资料作用
1		
2		
3		
4		
5		
6		

所需资料设备可参阅以下内容。

作为地籍变更的资料，通常由变更清单、变更证明书和测量文件组成。

一般说来，如变更登记的内容不涉及界址的变更，并且该宗地原有地籍几何资料是用解析法测量的，则经地籍管理部门负责人同意后，只变更地籍的属性信息，不进行地籍变更测量，而沿用原有几何数据。

土地管理部门在收到变更登记申请书后，对符合变更申报要求的，应及时组织地籍变更调查工作。调查前，应做好准备工作。

(1)应根据变更登记申请所在的宗地位置，收集下列有关资料：变更土地登记申请书；变更宗地及相邻宗地的地籍档案；原有基本地籍图、宗地图的复印件；变更宗地及相邻宗地的原地籍调查表的复制件（包括宗地草图）；有关界址点坐标；本宗地附近的控制网图、点之记、控制测量成果；地籍变更调查表。

(2)给变更土地登记申请者（单位或个人）及相邻宗地土地使用者（单位或个人）发送地籍变更调查通知书，其内容如下：

地籍变更调查通知书
根据你（或单位）提交的变更土地（或房地产）登记申请书，特定于××月××日××时到现场进行地籍变更调查。请你（单位或户主）届时派代表到现场共同确认变更界址。如属申请分割界址或自然变更界址的，请预先在变更的界址点处设立界址标志。 国土资源局盖章 年　月　日

二、变更类型

根据背景知识，选择本宗地变更的类型，并根据土地权属调查的相关知识，提出变更调查的技术方案（见表 7-2）。

表 7-2 技术方案

变更类型	技术方案

地籍变更的内容主要是宗地信息的变更,包括更改边界宗地信息的变更和不更改边界宗地信息的变更。

更改边界宗地信息的变更内容包括:

(1)征用集体土地。

(2)划拨国有土地。

(3)出让、转让国有土地使用权,包括宗地分割转让和整宗土地转让。

(4)由于各种原因引起的宗地分割和合并。

(5)土地权属界址调整。

(6)城市改造拆迁。

(7)土地整理后的宗地重划。

(8)宗地的边界因冲积作用或泛滥而发生的变化等。

不更改边界宗地信息的变更内容包括:

(1)继承、交换土地使用权。

(2)收回国有土地使用权。

(3)违法宗地经处理后的变更。

(4)宗地内新建、拆迁建筑物,改变建筑物的用途及房屋的翻新、加层、扩建、修缮。

(5)房地产的转移、抵押等。

(6)精确测量界址点的坐标。

(7)为了转让、抵押等土地经济活动的需要精确测算宗地的面积。

(8)宗地内地物、地貌的改变等。

(9)土地权利人更名。

(10)土地利用类别和土地等级的变更。

(11)行政管理区(县、乡、镇)和地籍管理区(地籍区、地籍子区)名称的改变。

(12)宗地编号和房地产登记册上编号的改变。

(13)宗地所属地区的区划的变动,即地籍区的变动、地籍子区的变动、乡(镇)边界的变动。

(14)宗地位置名称的改变。

活动二　变更调查实施

变更调查与项目一中学习的土地权属调查内容一致,请根据项目一学习知识及背景知识的内容完成表7-3。

表7-3　变更调查实施注意事项

序号	问题	解答
1	分割后,教职工生活区的权利人是?	
2	权利人身份证明资料包括?	
3	本项目是否需要增加界址点?	
4	现场勘界需要注意哪些问题?	

【知识导航】

实地调查时，地籍调查员携带好有关资料和仪器到现场进行实地调查勘丈。实地调查由权属调查和地籍测量两部分组成，在权属调查中应注意做好以下几方面的工作：

(1)核对申请宗地及相邻宗地指界人的身份，检查变更原因是否与申请书上一致。

(2)对宗地合并、分割或边界调整等需增设界址点时，检查申请者事先设定的界标是否符合要求，或直接在实地设置界标。设置界标时，必须经变更宗地申请者及相邻宗地使用者或委托代理人到场共同认定，并在地籍变更调查表上签名盖章。

(3)全面复核原地籍调查表中的内容是否与实地情况一致，如：①土地使用者名称、单位法人代表或户主姓名、身份证号码、电话号码等；②土地坐落、四邻宗地号或四邻使用者姓名；③实际土地用途；④建筑物、构筑物及其他附着物的情况等，填写地籍变更调查表。

(4)绘制变更宗地草图。

以上各项内容若有不符的，必须在调查记事栏中记录清楚，遇到疑难或重大事件时，留待以后调查研究处理，待有了处理结果再修改地籍资料。

界址未发生变化的土地权属调查时注意以下方面：

(1)根据土地登记申请书或地籍调查任务书，查询档案资料、数据，经分析后，确定是否需要实地调查。

(2)如不需要到实地进行调查，则在复印后的地籍调查表内变更部分加盖"变更"字样印章，并填写新的地籍调查表，不重新绘制宗地草图。

(3)经实地调查：

①发现土地权属状况与相关资料完全一致的，按照上述(2)的要求办理。

②发现丈量错误，须在宗地草图的复印件上用红线划去错误数据，注记检测数据，重新绘制宗地草图，并填写新的地籍调查表。

(4)土地权属类型发生变化的宗地，原宗地代码不再使用，新代码按照《地籍调查规程》规定编制。

活动三　变更调查资料处理

变更调查结束后，应按照《地籍调查规程》的要求，对调查资料进行整理。请根据项目一的知识和背景知识的内容，完成表7-4。

表7-4　变更资料处理

序号	问题	解答
1	变更后，两宗地的宗地代码分别是什么？	
2	变更后，新增界址点如何编号？	
3	地籍调查表填写应注意哪些内容？	
4	宗地草图如何变更？在调查表中完成两宗地的宗地草图	

【知识导航】

一、宗地代码和界址点号的变更

（1）新设宗地、界址发生变化的宗地，原宗地代码不再使用，新代码按照《地籍调查规程》的规定编制。县级行政区界线变化引起宗地代码变化的，在确定新移交宗地的地籍区和地籍子区后，重新编宗地编码，并在原地籍调查表复印件的宗地编码位置上加盖“变更”字样印章，在地籍调查变更记事栏注明新的宗地编码。

（2）新增界址点点号，在地籍子区内的最大界址点号后续编；已废弃的界址点在地籍子区内的统一编号永远消失，不得再用；无变化的，保留原编号。

二、宗地草图变更

（1）新设宗地，按照《地籍调查规程》的规定绘制宗地草图。

（2）界址发生变化的宗地，根据实际情况可按照《地籍调查规程》的规定重新绘制宗地草图，原宗地草图复印件一并归档；也可在原宗地草图复印件上修改制作成变更后的宗地草图。

（3）在原宗地草图复印件上修改制作宗地草图的方法如下：

①废弃的界址点、界址线打上“×”，变化的数据用单红线划去，废弃的界址线用“×”标记。

②新增的界址点用界址点符号表示，新增的界址线用单实线表示，注明相应的丈量距离。

③变化和新增部分使用红色标记。

三、地籍调查表的填写

（1）新的地籍变更调查表，应在现场填写，要求与初始地籍调查表基本相同，封面上划去“初始”二字，并经有关人员签名盖章认可，以代替旧地籍调查表，其初始地籍调查表归档保存。

（2）按要求填写新编制的变更宗地的地籍号，说明栏内注明原土地使用者、坐落、地籍号、变更原因以及纠正初始地籍调查中错误的依据。

（3）原勘丈数据与检查数据在限差内按原数据填写，有错误的则填写新值。

（4）在相邻宗地的原地籍调查表复制件上用红色笔改正有关变更内容（如四至、相邻宗地变更后的地籍号）后与原件一起存档。

任务二　地籍变更测量

任务目标：

完成地籍变更测量的内容，并整理、生成相关图件。

学习过程：

根据活动的要求准备地籍变更测量资料，在相关知识的支撑下，按照变更测量的要求完成地籍变更测量。

活动一　变更测量前准备

资源与器材：地籍变更调查表，全站仪、计算机及绘图软件。

请根据本项目任务一活动一的案例，完成地籍变更测量工作。

一、所需资料设备

将所需资料设备填入表7-5中。

表7-5　资料设备清单

序号	资料名称	资料作用
1		
2		
3		
4		
5		
6		

所需资料设备可参阅本项目任务中背景知识及其他项目知识。

二、变更类型

根据项目三地籍控制测量的相关知识及收集的相关资料，拟订出本次变更测量的技术方案，填入表7-6。

表7-6　技术方案

测量模式	技术方案
控制测量	
地籍要素测量	

活动二　变更测量实施

根据项目四地籍要素测量的相关知识及背景知识，填写表7-7。

表7-7　变更测量实施注意事项

序号	问题	解答
1	本项目中，如何检测已有界址点？界址点检测的精度要求是什么？	
2	本项目中，新增界址点测量应注意哪些事项？	
3		

【知识导航】

在地籍变更调查过程中，对于确定依法变更后的权属界址、宗地形状和面积的测量工作称为地籍变更测量。其主要任务是及时反映土地权属变更现状，为保持地籍档案的现势性提供测量技术保障。在地籍变更测量中，地籍要素测量精度应满足表4-1的要求。

一、检查、恢复界址点

地籍变更测量方法一般采用解析法，暂不具备条件的，可采用不低于原勘丈精度的方法。无论采用何种方法，在认定变更界址点和用解析法更新前，均须以原地籍调查表、宗地图、界址点坐标为依据，检查尚有标志的界址点实地位置的正确性，纠正原勘丈和测量数据的错误，恢复仍需保留的界址点上丢失或移位的界标，然后依据经检查证实实地位置正确的界址点、图根点进行地籍变更测量。

（一）界址点的检查

首先应检视界标是否完好，然后复量相邻界址点之间、界址点与邻近地物点之间的距离，检查复量值与原勘丈记录值是否相符，如果不超限，则保留原数据；当复量值与原记录不符时，应分析原因按不同情况处理。如果对原勘丈数据有把握肯定是明显错误的，则可以修改；如果复量值与原勘丈值的差数超限，经分析是由于原勘丈值精度低造成的，则可用红线划去原数据，写上新数据；如果分析结果是界址点标志有所移动，则应使其复位。

（二）界址点的恢复

如果界址点标志丢失，则应利用其坐标采用直角坐标法、极坐标法、距离交会法及全站仪、RTK放样等方法恢复界址点的位置；如果原界址点无解析坐标，也可以利用相邻界址点间距、界址点至邻近地物点的间距，在实地使界址点位得到恢复。再用宗地草图上的勘丈值检查，然后取得有关指界人同意后设立新界标。若放样结果与勘丈结果不符，则应查明原因后处理。若意见不统一，可以不做结论，按有争议界址处理。

实际上，恢复界址点位置的方法也是测定界址点位置的方法，因此测定界址点位置和界址点放样是互逆的两个过程。不管采用哪种方法，都可归纳为两种已知数据的放样，即已知直线长度的放样和已知角度的放样。

二、变更界址点的测定

（1）更改界址的地籍变更测量中，当土地发生合并时，只需保留合并后新形成宗地的界址点位置，这时应销毁不再需要的界标，废弃的界址点不得再用，并在原地籍调查表复制件中，用红笔划去有关点或线。

（2）当土地发生分割时，除销毁不需要的界标外，废弃的界址点不得再用，还须测定新增界址点的位置。若分割点在原界址边上，可依据申请者埋设的界标，丈量分割点对相应界址点的间距，用截距法计算坐标，或用申请者给定的条件计算得坐标后，于实地放样埋设界标。若分割点在原宗地内部，依据申请者埋设的界标，丈量原界址点至分割点的距离，用距离交会法等方法计算分割点的坐标。

（3）当界址边界调整时，也可依据检查过的界址点，丈量新增界址点到原界址点的距离，用距离交会或其他解析方法计算新增界址点坐标，必要时依据原图根点或新布设的图根点，用极坐标法或支导线法测定其坐标。

(4)原为图解法,用图解法变更勘丈,与解析法变更原理相同,用图解法确定新增界址点在二底图上的位置;原为部分解析法,有条件的按要求用解析法变更。当界址变更占图幅或街坊1/2时,应用解析法按街坊更新地籍图。

活动三　变更测量成果处理

变更测量成果主要包括地籍分幅图、宗地图、界址点成果表、面积量算资料等,成果的处理与前述相关项目的要求基本一致,本活动按照《地籍调查规程》的规定,主要介绍地籍分幅图的处理,界址点成果表、宗地图等内容可参阅项目四、项目五。

在地籍分幅图处理中,主要涉及宗地的灭失、分割、合并等内容。宗地灭失的可在原地籍分幅图中将相应宗地删除,这里不再介绍。

【知识导航】

地籍变更测量后,应将有关的资料进行变更。

一、解析界址点坐标册的变更

如果原地籍资料中没有该点的坐标(如用栓距等勘丈值确定的界址点或是分割中新设置的界址点),则用新测的坐标直接作为重要的地籍资料保存备用。

如果新测坐标值与原坐标值的差数在限差以内,则保留原坐标值,新测资料归档备查。

如果旧坐标精度较低,则用新坐标取代原有资料,在界址点坐标册中,用红色细线划去废弃或错误的界址点坐标,用红色数字注出新增或正确的坐标值。改动之处注变更日期、作业员姓名。

二、地籍图的变更

地籍原图作为原始档案,不作改动。地籍图的内容变更在二底图上进行。发生变更时,先将二底图复制一份,用红色标明变更内容,将其作为历史档案保存备查。然后根据变更测量成果及新的宗地草图修改二底图的有关内容,刮去废弃的或错误的界址点位、线和注记,着墨绘出新界址点、线和注记。

三、宗地图的变更

按新的宗地草图和地籍图绘制变更宗地的宗地图,当变更涉及邻宗地时,邻宗地的宗地图也应重新制作。在原宗地图的复制件上,用红色修改地籍变更号等内容,与宗地图的原件一起归档保存;当变更涉及邻宗地但不影响该邻宗地的权属、界址范围时,邻宗地的宗地图无需重新制作。

四、宗地面积计算与变更

(1)根据实际情况可采用坐标法或几何要素法计算宗地面积。

(2)面积变更采用高精度代替低精度的原则,即用高精度的面积值取代低精度的面积值,原面积计算有误的,在确认重新量算的面积值正确后,须以新面积值取代原面积值。

(3)变更前后均为解析法量算的宗地面积,如原界址点坐标或界址点间距满足精度要求，则保持原宗地面积不变。

(4)变更前为图解法量算的宗地面积，变更后为解析法量算的宗地面积，用解析法量算的宗地面积取代原宗地面积。

(5)变更前后均为图解法量算的宗地面积，两次面积量算差值满足《城镇地籍调查规程》规定限差要求的，保持原宗地面积不变；两次面积差值超限的，应查明原因，取正确值。

(6)对宗地进行分割，分割后宗地面积之和与原宗地面积的差值满足规定限差要求的，将差值按分割宗地面积比例配赋到变更后的宗地面积，如差值超限，则应查明原因，取正确值。

(一)宗地分割

CASS 软件提供了宗地分割的功能，可以将一宗地依公共边分割成两宗地。

操作过程：将现场测量的新增界址点展绘到分幅图中，用复合线将新增界址点连接，画出分割这宗地的分界线。然后点击“地籍—宗地分割”命令，按照提示进行操作，如图 7-1 所示。

提示：选择要分割的宗地：选择宗地边界。

选择分割线：选取事先画好的复合线。

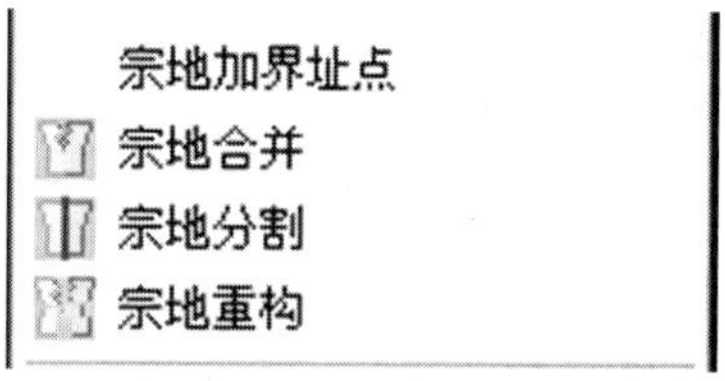

图 7-1　宗地操作命令

注意：分割之后的两宗地属性都相同，需用“修改宗地属性”来修改。

(二)宗地合并

CASS 软件提供了宗地合并的功能，将相邻且具有至少一条公共边的两块宗地合并为一宗地。

操作过程：点击“地籍—宗地合并”命令，按提示依次选择要合并的宗地即可。

提示：选择第一宗地：选择第一宗地。

选择另一宗地：选择第二宗地。

注意：合并后的宗地面积、建筑物面积分别累加，合并后宗地号、权利人、地类与所选地第一宗地相同。但可利用“修改宗地属性”命令来修改。另外，宗地合并每次只能合并两宗地，若有多块宗地需合并则可以重复执行该命令两两合并。

习　题

1. 什么是土地变更调查？
2. 什么是土地变更测量？
3. 变更调查与测量如何实施？
4. 变更测量后资料如何处理？
5. 变更后宗地号如何处理？
6. 变更后界址点如何处理？
7. 地籍变更的内容包括哪些？

项目八　地籍数据建库

项目导航：

本项目主要学习地籍数据库的基本知识，掌握地籍数据入库前的准备及库前检查；掌握超图城镇地籍数据建库系统软件的基本使用，了解临时库、标准库、调查库的概念及数据要求，并能够将前期生产的数据分别转入相应数据库；了解地籍数据库安全管理与维护知识。

学习目标：

1. 数据采集整理。
2. 地籍数据库建立。
3. 地籍数据库安全管理与维护。

项目主要成果：

1. 地籍原始数据（*.dwg、*.qs、*.dat）文件。
2. 属性数据库（*.mdb）文件。
3. 地籍数据库（*.ldf、*.mdf）文件。
4. 地籍附件库（*.ldf 、*.mdf）文件。

任务一　地籍数据采集整理

任务目标：

获得地籍数据库基本数据。

学习过程：

按照各活动的要求完成地籍数据库数据的采集与整理工作。

活动一　图形数据的采集

资源与器材：CASS 软件，演示数据。

根据前述项目完成提交的数据，在 CASS 下完成地籍数据入库前的数据整理工作。图形数据的准备整理主要包括图层整理、生产权属文件、生成控制点及高程点数据文件、数据检查等工作。数据检查工作将在本项目任务二中介绍。

【知识导航】

一、图层整理

根据《城镇地籍数据库标准》要求，需要对原始的地籍图进行整理，由于原地籍图采用 CASS 软件绘制，CASS 软件中有默认的图层，这些图层与“超图地籍建库系统”的数据表单不一致，为便于地籍数据库的建立，需要进行图层的转换。

(一)新建图层

在CASS软件下,点击“图层管理器”新建图层,图层对照表如表8-1所示。

表8-1　图层对照表

序号	图层名	作用	原数据图层	超图数据表
1	街坊	用于存放“街坊线”	JZD	境界与政区
2	房屋	用于存放“房屋”, 原“JMD”层其他数据不变换	JMD	居民地
3	宗地	用于存放“宗地”界线	JZD	土地权属要素
4	虚宗	用于存放“虚宗”相关信息	JZD	土地利用要素
5	KZD	存放“控制点”相关信息	KZD	定位基础
6	GCD	存放“高程点”信息	GCD	地貌

(二)图层转换

在CASS软件下通过图层转换工具实现图层转换,如图8-1所示,点击“地物编辑—图层属性转换—编码—图层”,依据软件提示将要转换的数据转换到相应的图层。

图8-1　图形属性转换

二、权属文件生成

在超图地籍数据建库系统中,为便于生成土地权属信息,有时需要权属文件,权属文件保存了宗地的基本信息。生成权属文件步骤如下:如图8-2所示,点击“地籍—权属文件生成—由界址线生成”,执行此菜单后,会弹出一个对话框,输入想保存的权属信息数据文件名后,按“保存”键即可。再根据命令行提示选择界址线,可重复选择界址线,回车结束,最后生成一个包含所有界址线的权属信息文件。

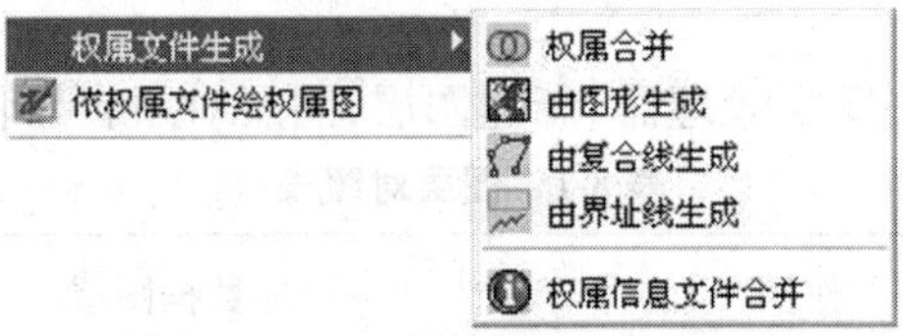

图 8-2　权属文件生成

注意:本功能要求所选的界址线必须是加过地籍号、权利人、地类编码等属性的。CASS 中绘出界址线后就会提示输入以上信息。如果在提示时没有输入该属性,则可以通过修改宗地属性来加入该属性。

三、控制点文件生成

在地籍数据入库时,如果有控制点数据文件,则直接导入到"定位基础"数据表,不需要进行转换编辑,而 CASS 软件提供了控制点生成数据文件的功能,因此需要生成此数据文件。

点击"工程应用—控制点生成数据文件",执行本命令后在弹出对话框中给出保存数据文件名,则图面上所有控制点会自动生成数据文件。

四、高程点文件生成

在地籍数据入库时高程点信息需要导入到"地貌"数据表,CASS 软件提供了高程点生成数据文件功能。

点击"工程应用—高程点生成数据文件"。

操作过程:先根据提示输入数据文件名。

提示:请选择:(1)选取区域边界(2)直接选取高程点或控制点 <1>:若选 1,则用鼠标点取已有边界线(必须封闭),系统会提取此边界内的高程点参与建模。若选 2,则无需选边界线,直接用鼠标拉框选取高程点即可。

活动二　属性数据的采集

属性数据整理方法可分为手工录入、分析计算和直接导入三种方式。

(1)手工录入。对于从外业调查获得的纸介质属性值或由业务部门收集到的各类业务档案数据,采用手工输入的方式进行整理,其录入方法有:①依据文件原稿逐个宗地录入属性数据;②利用数据库软件集中录入属性数据,并通过标识码与矢量数据关联。

(2)分析计算。通过数值计算(如图斑地类面积 = 图斑面积 - 扣除地类面积 - 线状地物面积 - 零星地物面积)、空间分析等方法,对属性项进行计算赋值。

(3)直接导入。依据《地籍调查规程》(TD/T 1001—2012)和《城镇地籍数据库标准》等对已有城镇地籍调查数据库的属性数据或外业采集的电子形式属性数据进行转换、编辑、完善,并直接导入数据库中。

在地籍建库过程中工作量最大的就是手工录入宗地权属信息,本活动主要介绍手工录入的方法。CASS 软件为宗地提供一个属性管理器,可方便地查询、修改、添加宗地的属性。

【知识导航】

一、宗地属性录入

点击“地籍—修改宗地属性”，按照图 8-3 所示的内容，逐宗录入宗地属性信息。

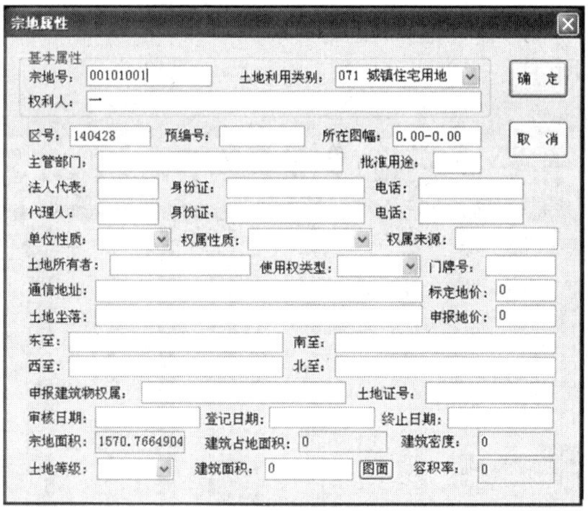

图 8-3　宗地属性

二、界址线信息录入

操作过程：点击“地籍—修改界址线信息”。

提示：选择界址线所在宗地：选择一块宗地。

指定界址线所在边：选择本宗地上需编辑属性的界址线，选择后系统会弹出对话框，如图 8-4 所示，即可在对话框中设置属性值。

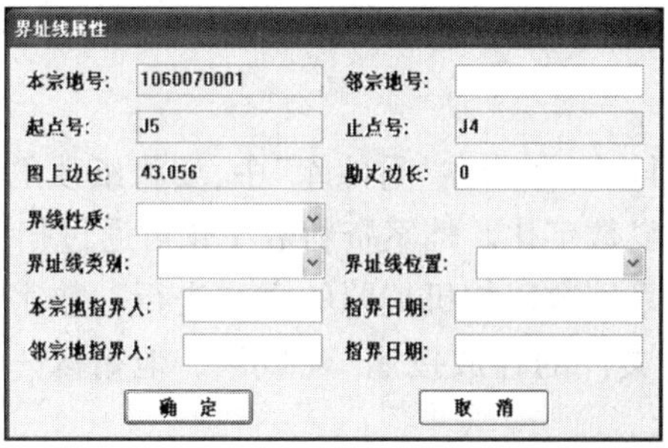

图 8-4　界址线属性

三、界址点信息录入

操作过程：点击“地籍—修改界址点信息”命令。

提示：请拉框选择要处理的界址点：

选择对象：选择需编辑的界址点，选择后系统会弹出一对话框，如图 8-5 所示，即可在对话框中设置属性值。

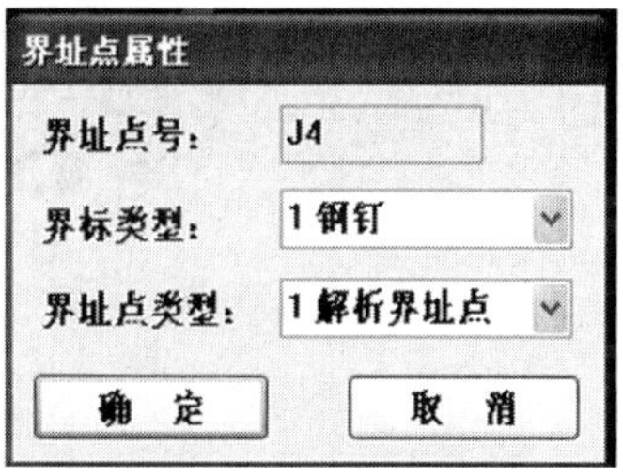

图 8-5　界址点属性

四、输出宗地信息

宗地信息、界址线信息、界址点信息输入后，为方便地籍数据的建库，要生成“mdb”格式的数据库文件。在 CASS 软件中选择“地籍—输出宗地属性”，按照命令提示输入数据库文件名称后，生成一个 *. mdb 数据库文件。此文件可直接在 ACCESS 数据库中打开。ACCESS 数据文件如图 8-6 所示。

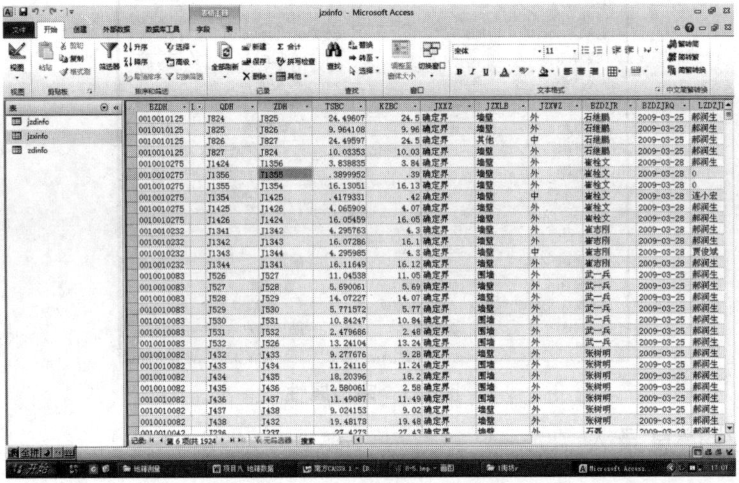

图 8-6　ACCESS 数据文件

活动三　栅格数据的采集

一、数据采集要求

地籍数据库中档案资料主要存储在“附件库”中，要将纸质的档案资料进行电子化的存储与管理，就需要将档案资料数字化。档案资料数字化可通过扫描的方式进行，随着数码相机像素的不断提高，也可以采用数码相机拍照的方式进行。数字化后的档案资料可以采用 JPG 或者 PDF 等文件保存，文件的存放按照“建成区—地籍区—地籍子区—宗地—材料名称”构建目录，如图 8-7 所示。

图 8-7　栅格数据存放目录格式

二、实训

将练习的档案资料用手机进行数字化,注意数字化时像素的选择,既要保证图像清晰,也要保证文件的大小。在互联网上寻找转换软件,将数字化的 JPG 文件转换成 PDF 格式,比较文件的大小,填入表 8-2 中。

表 8-2　数据文件记录表

文件格式	文件大小(KB)	备注
JPG		
PDF		

任务二　地籍数据库建立

任务目标:

生成地籍数据库。

学习过程:

依据练习数据,按照建立临时库、标准库、调查库的顺序,建立地籍数据库。

学习成果:

.sdb 文件、.snw 文件、*.ldf 文件、*.mdf 文件。

活动一　临时库的建立

资源与器材:超图城镇地籍数据建库系统软件,练习数据。

临时库用于把基础数据转成 SuperMap 格式,数据来源包括 CAD 格式、Mapinfo 格式、Arc/Info E00 格式、ArcView Shape 格式以及各类影像、Excel 和 Access 表格数据、SQL server 或 oracle 数据库数据等。根据基础数据的来源不同,临时库有以下两种创建方式。

一、利用 CASS 数据转换工程管理来创建临时库

针对目前大部分基础数据来源于南方测绘 CASS 软件,超图城镇地籍建库系统提供了自动流程化的方式,利用 CASS 软件采集的 CAD 数据来创建临时库,系统可以自动提取宗地、房屋、界址点、界址线数据到临时库,如图 8-8 所示。

创建的数据临时库如图 8-9 所示。

二、普通模式创建临时库

如果基础数据不是来源于 CASS 软件处理的数据,就要按照普通模式创建空的临时库,然后根据实际情况选择导入方式,如图 8-10 所示。

图 8-8　CASS 数据转换向导

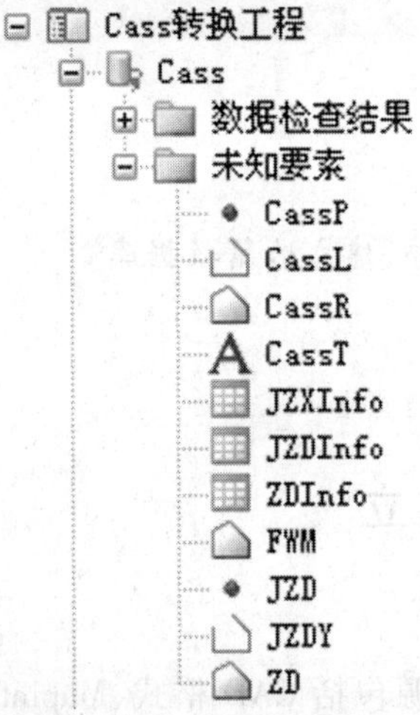

图 8-9　CASS 数据临时库

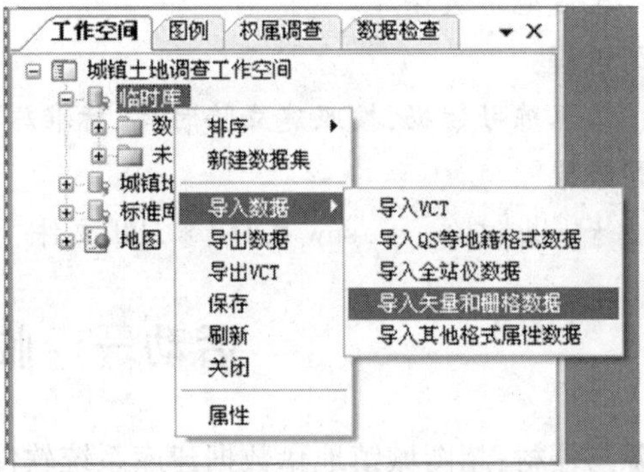

图 8-10　数据导入

三、临时库的加工处理

(1)等高线：通过属性表的分组更新等功能，把等高线类型转换为标准代码。

(2)测量控制点：通过属性表的分组更新等功能，把控制点类型、标石类型、标志类型转换为标准代码。

(3)宗地：编码修正，根据属性表的分组更新功能，修正宗地中的权属性质、使用权类型、土地用途、土地级别为标准代码。

(4)界址点：通过属性表分组更新功能，把界址点的界标类型、界址点类型、界址点位置转换为标准代码。

(5)房屋：通过属性表的分组更新功能，把房屋的结构类型转换为标准代码。

(6)地类界线：通过属性表分组更新功能，修正地类界线中地类界线类型为标准代码。

(7)地类图斑:通过属性表分组更新功能,修正地类图斑中地类编码、权属性质为标准编码。

活动二 标准库的建立及数据检查

一、标准库的建立

一个标准库一般针对一个街坊来做,按照一个人负责一个街坊的模式来做,可以提高建库效率。根据基础数据的来源不同,标准库有两种创建方式。

(一)利用 CASS 数据转换工程管理来创建标准库

针对目前大部分基础数据来源于 CASS 软件,系统提供了自动流程化的方式,利用 CASS 软件加工出的 CAD 数据来创建标准库,系统可以自动提取宗地、房屋、界址点、界址线数据,然后转入标准库。

创建的数据标准库格式如图 8-11 所示。

图 8-11 标准库格式

针对 CASS 软件中宗地、界址点、界址线的属性信息,可以在 CASS 软件中录入,也可以在 CASS 导出的 mdb 数据表中录入(zdinfo 表、jzdinfo 表、jzxinfo 表)。在 CASS 转换工程流程中可以选择从这些属性表中更新宗地、界址点、界址线的属性。

对于行政区的数据可以通过“数据分层提取的功能”从转入的面数据中提取(CASS 中

图层为 JJ)，然后通过数据转换模型转换到标准库中。

(二)普通模式创建标准库

如果基础数据不是来源于 CASS 软件处理的数据，就要按照普通模式创建空的标准库。统一按照后面的流程对标准库加工处理。

二、标准库的数据处理

按照标准库的要素分类，对各个要素分别处理。

(一)定位基础

定位基础表主要包括测量控制点和测量控制点注记两项内容，如图 8-12 所示。该步骤只需要转入"测量控制点"即可，测量控制点注记不是必需的，在调查库会有处理。

转入测量控制点的方式：

(1)在临时库中导入全站仪数据，然后通过模板转换方式转换到测量控制点层。

(2)导入 CAD 数据(或其他格式)，使用数据集分层提取功能提取出测量控制点，然后通过模板转换方式转换到测量控制点层。

(二)境界与政区

境界与政区表结构如图 8-13 所示。

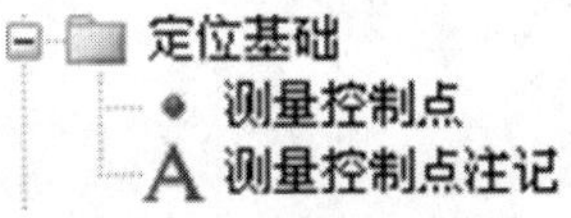

图 8-12　定位基础

图 8-13　境界与政区表结构

该步骤需要转入行政区数据，即只要街坊数据。行政区编码必须为 12 位。

(1)在临时库导入 CAD 数据(或其他格式)，使用数据集分层提取功能提取出街坊数据，然后通过模板转换方式转换到行政区层。

(2)通过面转线功能，生成新的线型，然后复制到行政区界线层，提取行政区界线数据。

(3)通过属性表的分组更新功能，把界线类型、界线性质转换为标准代码。

(4)通过注记生成工具，生成行政区注记数据。

(三)地貌

地貌表结构如图 8-14 所示。

通过转换模板把高程注记点和等高线从临时库转入标准库。

(四)居民地

居民地表结构如图 8-15 所示。

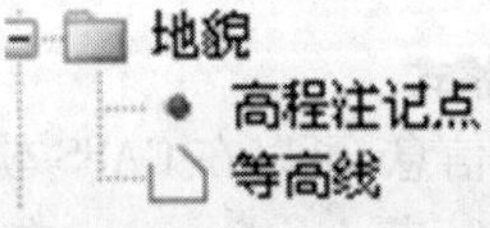

图 8-14　地貌表结构

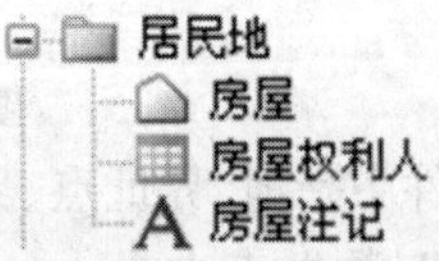

图 8-15　居民地表结构

该步骤只需转入房屋和房屋权利人数据即可。房屋注记需要在调查库专门生成，此处不需要。

转入房屋的方式如下：

（1）通过 CASS 转换功能进来。

（2）通过导入 CAD 数据（或其他格式）到临时库，分层提取房屋，在临时库中通过属性表的分组更新等功能，把房屋结构转换为标准代码，然后通过模板转换方式转换到房屋层。

房屋数据的处理如下：

（1）自动获取隶属宗地（注意：此步骤需在宗地数据已经做好的前提下）。

（2）重编房屋编号（注意：此步骤需在宗地数据已经做好的前提下）。

（3）根据宗地修正房屋。

转入房屋权利人的方式：通过导入 Access、Excel 或其他数据库中的房屋权利人表的方式把原始房屋权利人导入到临时库，然后通过模板转换方式转换到房屋权利人层。

但是需要注意的是，房屋权利人的属性表中一定要有房屋隶属宗地号和房屋编号，矢量数据房屋也要有对应的房屋隶属宗地号和房屋编号。

（五）土地权属要素

土地权属要素表结构如图 8-16 所示。

该步骤需要从临时库转入宗地、界址点、权利人、权属调查、权属来源证明、申请登记、权属审批、注册登记、他项权利登记数据。界址线、界址点注记、界址线注记、宗地注记不是必需的，注记都可以在调查库生成。

图 8-16　土地权属要素表结构

按照《城镇地籍数据库标准》，界址线层并不能描述实际的业务数据，对于共用界址线，界址线是有两个不同的属性。

界址线图层生成方法如下：

（1）在用“CASS 数据转换工程向导”转换的过程中可以自动创建界址线。

（2）通过宗地生成界址线（宗地右键创建界址线）。

录入界址线属性如下：

（1）由 CASS 软件导出的 jzxinfo 表，按照这种格式录入，然后把该层添加到标准库中，通过 jzxinfo 表中的 QDH 和 ZDH 与用“CASS 数据转换工程向导”，转换的过程中自动创建的界址线，在转入调查库的过程中自动挂接。

（2）在调查库中，系统提供统一的批量界址线属性编辑功能。

转入宗地的方式为：

（1）由 CASS 转换工程导入宗地，系统会自动转入权利人数据。

（2）由 qs 文件生成宗地到临时库，然后通过模板转换方式转换到宗地层。

（3）由 CAD 数据（或其他格式）导入到临时库，通过分层提取出宗地，然后通过模板转换方式转换到宗地。

注意：在入标准库之前要确认宗地权属性质、使用权类型、土地用途、土地级别是用标准代码表示的,如果不是可以对编码修正,根据属性表的分组更新功能,修正宗地中的权属性质、使用权类型、土地用途、土地级别为标准代码。

宗地数据处理如下:

(1)调整顺序以左上角为起点。其原因在于宗地的界址点顺序一般是以宗地左上角开始的。

(2)如有新增宗地,要创建界址点,根据现有宗地,补充创建界址点。

(3)如有新增宗地,要创建界址线,即根据新增宗地创建界址线图形。(此步骤非必要,不用处理其属性)

(4)重编宗地地号。在街坊内按照从左到右、从上到下的顺序重编地籍号,同时把老地号保存在老地号字段中。(注:此步骤操作完后,方可处理房屋,进行房屋隶属宗地获取和房屋编号处理)

转入界址点的方式如下:

(1)由 CASS 转换工程,自动转入的界址点。

(2)由 CAD 数据或其他格式导入到临时库,通过分层提取出界址点,然后通过模板转换的方式转换到界址点。

(3)根据宗地全部重新生成界址点。

注意:在从临时库中转入标准库时,要确认界址点属性、界标类型、界址点类型、界址点位置是否用标准代码表示。如果不是可以对编码修正,根据属性表的分组更新功能修正界址点的属性为标准代码。

界址点数据处理:

(1)去除重复点功能,除去界址点层中可能产生的重复点的错误数据。

(2)如果转入的界址点不全,可通过宗地层创建界址点功能,补充创建界址点。

(3)编码修正,根据属性表的分组更新功能修正界址点中的界标类型、界址点类型为标准代码。

权利人、权属来源证明、申请登记、权属调查、权属审批、注册登记、他项权利登记:将原始数据导入到临时库,通过模板转换的方式转入到标准库中。

(六)土地利用要素

土地利用要素表结构如图 8-17 所示。

该步骤需要转入地类图斑、地类界线、线状地物数据。

地类图斑的数据处理如下:

(1)根据实际数据,地类图斑可转换进来或由线拓扑构面而成。

(2)修正地类图斑中地类编码、权属性质为标准编码(临时库确认修改)。

(3)重编地类图斑编号。

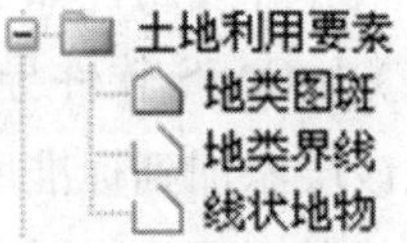

图 8-17　土地利用要素表

地类界线的数据处理如下:

(1)转入地类界线数据。

(2)修正地类界线中地类界线类型为标准代码。(临时库确认修改)

线状地物的数据处理如下：

(1)转入线状地物数据。

(2)修正线状地物中地类编码、权属性质为标准编码。(临时库确认修改)

最后，对标准库进行要素代码赋值和标识码自动编码操作，准备进行数据检查。

三、标准库的数据检查

按照以上操作，对标准库加工处理完成之后，需要对数据进行综合检查。标准库检查界面如图 8-18 所示。

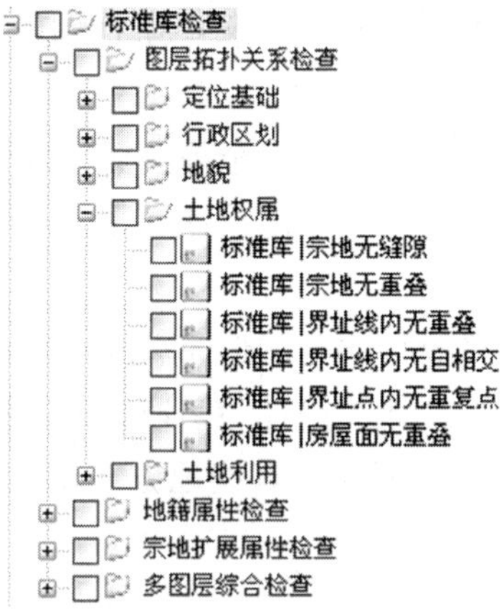

图 8-18　标准库检查界面

对检查出的错误结果需要逐条修正，直至没有错误。

活动三　调查库的建立及数据检查

通过标准转换模型，将标准库转入到新创建的调查库中。行政区会根据街坊的 12 位代码自动融合成三级行政区：建成区、街道、街坊。

一、调查库的完善工作阶段

(一)数据预处理

(1)修改街道、建成区名称。

(2)生成接图表，需要填写各图幅名称。

(3)生成宗地注记，按照标准样式生成。

(4)生成房屋注记。

(5)生成测量控制点注记。

(6)生成地类图斑注记。

(二)权属要素编辑

(1)重建宗地界址点关系。

(2)重建界址线图形。

(3)创建界址点编号。

(4)批量编辑宗地界址线属性。

(5)宗地属性。

(6)权属调查表编辑。

(三)图属一致性修正

(1)同步更新界址点图形——属性 X、Y 坐标。用于修正对数据进行坐标投影转换后造成的界址点图属记录的 X、Y 坐标不一致问题。

(2)创建调查库宗地关联属性。用于修正某些宗地图形缺失关联属性数据的问题,如图 8-19 所示。

(3)全部更新调查库宗地关联属性。可以全部或部分自动化更新宗地的属性。

(4)重编宗地界址点序号。用于修正宗地界址点序号没有按照从左上角顺时针依次排序的问题。

(5)清理调查库。用于清空数据库中与图形无关的垃圾属性数据。

(6)清除调查库无效界址点。用于清除掉与宗地无关的界址点数据。

(7)无权利人宗地添加空权利人属性。有些地方需要给道路、河流等划宗的宗地添加一个空的权利人信息,并对其命名。

二、调查库的数据检查

与标准库的数据检查类似,系统配置了针对调查库的一系列检查规则。调查库检查界面如图 8-20 所示。

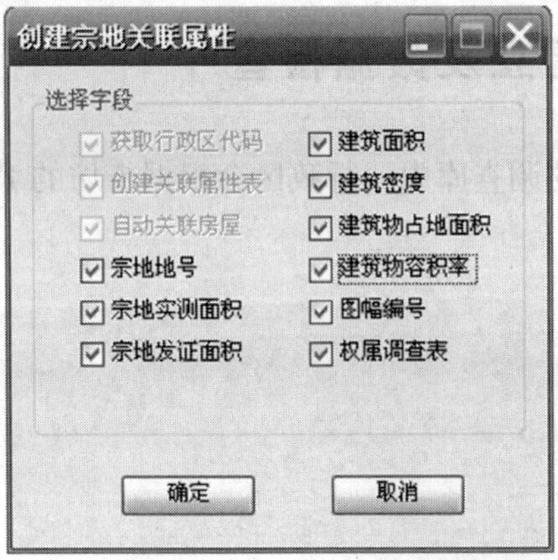

图 8-19 创建宗地关联属性

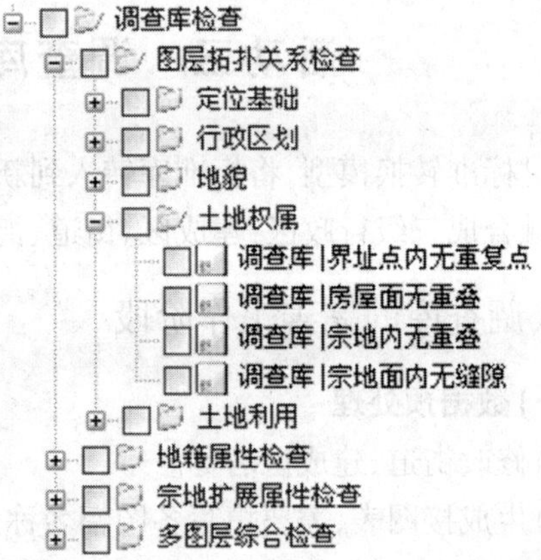

图 8-20 调查库检查界面

对检查出的错误结果需要逐条修正,直至没有错误。

活动四　附件库的建立

一、附件库的建立

系统提供创建附件库的功能,附件库用于存放档案数据。如图 8-21 所示,在工作空间上点击右键菜单"创建附件库",弹出数据库参数输入界面,依据提示输入相关参数,完成附件库的创建。

二、电子资料入库

(一)电子资料的目录格式

对于档案扫描件数据,按照"建成区/街道/街坊/宗地 + 档案文件"的目录结构来存放档案数据。档案数据支持常见图像格式及 PDF 文档格式。扫描数据存储目录格式如图 8-22所示。

(二)电子资料入库

依据电子资料存放目录要求,将所有地籍档案资料扫描后存入相应目录。在系统中选择菜单"调查库编辑"—"电子档案管理"—"导入扫描资料",可以将按固定目录结构存储的扫描资料批量导入到附件库。

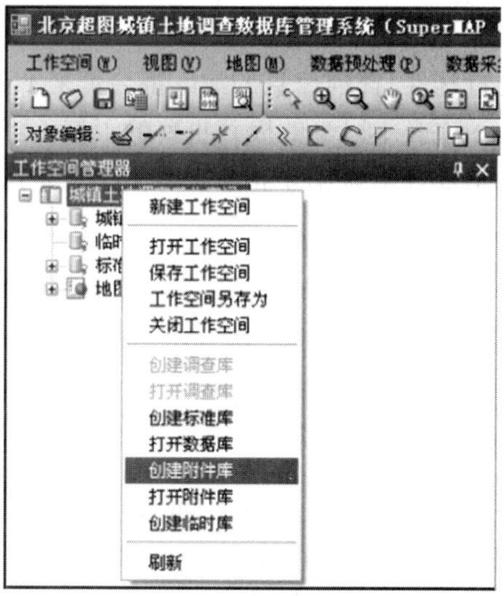

图 8-21　创建附件库

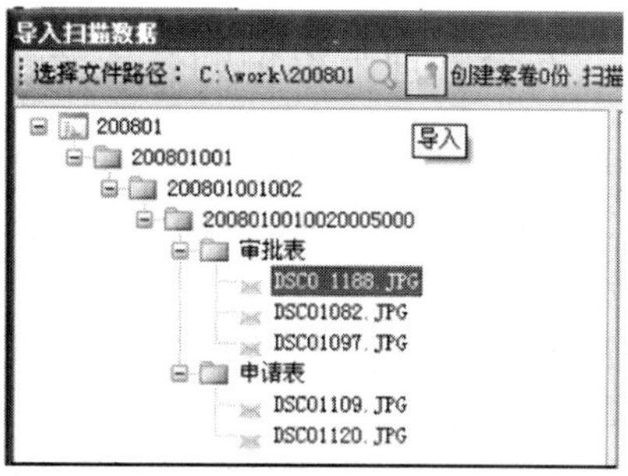

图 8-22　扫描数据存储目录格式

活动五　数据入库实训

资源与器材:超图城镇地籍建库系统软件,练习数据。

利用系统提供的"CASS 数据转换工程"完成前面项目数据的入库工作,并填写表 8-3。

表 8-3　数据库检查记录表

序号	标准库错误(条)	调查库错误(条)	数据检查错误主要内容

任务三　地籍数据库安全管理与维护

任务目标:

了解地籍数据库安全管理与维护的基本要求及其内容。

学习过程:

本任务为知识体系结构内容,可以通过阅读相关内容完成学习目标。

活动一　地籍数据库安全管理与维护

在地籍数据库的建设过程中,建设单位投入了大量的人力与资金,数据库的各种软、硬件是建设单位的重要资产。同时,由于地籍信息的特殊性,任何信息的泄露都会带来不可估量的损失。因此,地籍数据库的安全管理与维护是一项必不可少的极其重要的工作。当前,常见报道的病毒传播破坏和电脑"黑客"犯罪等现象很好地说明了信息安全与保密的必要性与紧迫性。

一、安全管理与维护的基本要求

(1)系统安全性。应确保数据库硬件及软件安全可靠。

(2)数据安全性。地籍数据库应具有安全性,要确保数据不被破坏。一旦数据被破坏,要能够及时恢复。

(3)数据保密性。地籍数据库要有足够的保密措施,保证数据不被窃取和流失。

(4)系统高效性。要进行日常维护与数据整理,保证数据库管理系统的高效运行。

(5)系统开放性。系统运行功能不应随系统的硬件、软件和网络的变化而改变系统的兼容性。

二、管理制度

(一)基本要求

要建立安全保密机构,制定相应的管理制度。其内容主要包括技术文档管理、数据安全与保密制度、数据库的物理运行环境管理制度、数据库用户管理制度、数据库日志管理制度、数据备份制度、对建库承担单位的保密规定以及其他规章制度。

(二)技术文档管理

(1)技术资料及文档都应妥善保存,建立严格的借阅手续。

(2)机房应具备有故障时的替代文本和系统恢复时所需的规定文本。

(3)需要从系统中提取资料时,应有严格的手续和制度作保证。

(4)对打印的作废资料应统一销毁。

(5)建立数据安全和保密管理制度。

(6)数据安全和保密制度须遵循国家有关国土资料安全和保密的政策法规,明确安全和保密的措施和要求。

(三)用户管理制度

明确用户分级原则,严格控制不同用户的访问权限,制定用户管理办法。

(四)数据库日志管理制度

(1)数据库管理员每天对数据库的状态进行检查,并按照统一的数据库日志登记表每天进行登记,登记表要妥善保管。

(2)数据库系统要建立自动日志,该日志应定期备份。

(3)数据库日志登记表包括:数据库管理员姓名,登记日期,系统异常,数据量的变化,存储空间的使用情况,访问情况,数据的更新情况等,详见表8-4。

表8-4　土地调查数据库管理员日志登记表

编号:

数据库名称			
数据库软件版本			
操作系统名称和版本			
数据字典版本			
数据备份情况			
存储空间占用率			
数据库访问计数			
数据库数据量			
数据更新情况			
系统异常情况			
其他事宜			
数据库管理员签名		登记日期	
单位领导签名		签字日期	

(五)数据备份制度

数据备份制度应明确规定数据备份的周期、方法、存储媒体、存放环境等管理制度及要求。

(六)保密规定

在实施地籍建库工程中,承包方应严格遵守以下保密规定:

(1)承担方不得复制、丢失或涂改国土资源部门的原始资料。

(2)承担方在数据采集或建库完毕后,应在规定时间内归还国土资源部门的原始资料。

(3)承担方不得复制、转让或丢失国土资源部门的电子数据,待验收后全部移交国土资源部门。

（七）其他规章制度

其他规章制度主要包括以下内容：

（1）消防管理制度。

（2）监理制度。

（3）危险品管理制度。

（4）消耗品管理制度。

（5）清洁管理制度。

（6）各种安全规章制度。

三、数据库安全

数据库安全包括数据库物理实体的安全、数据库的逻辑安全、数据备份与媒体安全。

（一）数据库逻辑安全

数据库的逻辑安全包括：软件安全、数据字典安全、数据安全以及访问的权限控制。

（二）软件安全

（1）系统软件和应用软件应可靠和稳定。

（2）软件安全管理要控制信息的流向和避免系统受到攻击。

（3）谨防计算机病毒和黑客的入侵。

（三）数据字典安全

（1）数据字典要定期进行安全备份。

（2）数据字典的改变必须经过审批并在另外的计算机上独立试验，不能在数据库上试验。

（四）数据安全和保密

（1）加密保护：在数据库中加入加密模块从而对库内数据进行加密；在库外的文件系统内加密，形成存储模块，再进行数据库存储管理。

（2）数据库不能与公共网络连接。

（3）文件和数据不用时应当妥善保管，与计算机有关的废弃物应该放在粉碎机上粉碎，然后进行最终处理。

（4）当存储媒体不用时在转交给别人使用前，必须将存储在上面的保密数据彻底删除，有保密记录的存储媒体不能送交国外修理；存储媒体有质量问题需要维修时，要确保数据不会丢失和失密。

（五）数据访问权限控制

对用户的访问权限进行检查，只有检查合格的用户才有权访问数据，执行其自身权限范围内的操作，否则将拒绝执行。在实际操作过程中，可采用用户识别、密匙识别、个人特征标识和用户权限控制等技术措施进行保护，以防止数据被非法存取和复制。

（六）数据备份

数据备份每天都要进行。数据备份后，一定要及时进行校验，并根据数据重要性的不同，制作多个备份。另外，还要定期检查与维护。

（七）媒体安全

数据存储媒体的种类有硬盘、磁带、光盘、纸质记录等。媒体的使用和保存条件应符合表 8-5 规定。

表 8-5　媒体的使用和保存条件

媒体因素	磁带		磁盘	
	已记录	未记录	已记录	未记录
温度	<32 ℃	5 ~ 50 ℃	-40 ~ 65 ℃	
湿度	20% ~ 80%		8% ~ 80%	
磁场强度	<3 200 A/m			

四、数据库维护

（一）软件维护与升级

（1）系统软件的维护与升级要保证数据的安全性。

（2）应用软件要定期根据需要进行维护与升级以保证数据库的可用性和高效性。

（3）应及时处理软件安装并运行后出现的问题。

（4）应及时从 Internet 上下载软件的补丁程序或者升级版本。

（二）硬件维护与升级

（1）硬件系统的维护与升级要确保系统的兼容性和开放性。

（2）硬件系统出现故障，可用备件来替换，或交维修公司处理。

（3）当发现设备性能不足时，应及时提出解决办法。

（4）对于一些外围设备，如打印机、绘图机、扫描仪等，应及时更换、清理和调校。

（三）数据库结构和数据字典的维护

（1）数据库结构和数据字典应保持相对稳定，并根据应用的变化和软件的升级及时更新。

（2）数据字典的升级和修改，须保证数据的自动安全迁移。

（3）数据库中数据更新后，数据物理存储位置和数据库的索引要及时维护并更新。

（4）用户界面要根据需要升级，以满足数据库系统各类用户的需要。

（四）数据维护

（1）数据库中数据变化后，原来的数据要妥善保存，不仅要在历史数据库中保存，还要进行备份。

（2）更新的数据必须经过严格检查验收，数据更新在连网的工作站上进行，不能直接在数据库服务器上进行，在临时数据库验收后才能递交给数据库服务器。

（3）数据更新后要及时对数据库的索引进行更新，数据更新要进行日志更新。

活动二　总结与提高

通过本任务活动一的学习,请依据互联网完成表 8-6 中的问题。

表 8-6　学习成果表

序号	问题	解答
1	生活中你如何保存需要加密的信息与资料?	
2	常用的数据库加密方法有几种?分别是什么?	
3	超图地籍数据建库系统的数据库版本是多少?	

习　题

1. 地籍数据库包括哪几种?
2. 图形数据采集包括哪些内容?
3. 属性数据采集包括哪些内容?
4. 数据检查指什么?
5. 数据库维护包括哪些内容?

附录一　地籍测绘成果检查验收与质量评定

地籍测绘和其他测绘工作有共性,也有其特殊性。它是在地籍调查的基础上,对每一宗土地的权属、位置、数量、质量和用途运用科学的、可靠的测量方法进行测定,精度要求高。地籍测绘是一个由多人参与的、多工序的工作,其成果不但用于经济建设,而且具有一定的法律效力,所有成果不只局限于专业检查,还要在千家万户中接受检查和使用。这就要求地籍成果既要准确无误,还要经得起群众的检查。除要求调查、测绘人员认真、仔细、严格按规范作业外,关键的则是把好检查验收这一关。

地籍测绘成果实行三级检查一级验收制度。过程检查由小组和作业员全面自检、互检;最终检查由施测单位的质量检查机构和专职检查人员在自检、互检的基础上进行专检;最后由业主单位组织专家组检查验收。通过以上检查程序可以在测区技术标准统一的高度上对产品质量提出要求,可以发现带有普遍性和特殊性的问题,对提高产品质量具有特别重要的意义。

成果检查验收依据

地籍测绘成果以国家标准及相关部委推行的行业标准为依据,进行检查验收。依据不同的工作内容,可参考以下技术标准:

(1)《地籍调查规程》(TD/T 1001—2012);

(2)《城市测量规范》(CJJ/T 8—2011);

(3)《地籍测绘规范》(CH 5002—94);

(4)《全球定位系统(GPS)测量规范》(GB/T 18314—2009);

(5)《土地利用现状分类》(GB/T 21010—2007)和《国民经济行业分类》(GB/T 4754—2011);

(6)《××地籍测绘技术设计书》;

(7)省级地籍测绘技术规范(规程)补充规定;

(8)市、区(县)文件及补充要求;

(9)《1∶500、1∶1 000、1∶2 000 地形图图式》(GB/T 7929—2007);

(10)《城镇地籍数据库标准》(TD/T 1015—2007);

(11)《土地利用数据库标准》(TD/T 1016—2007);

(12)《国土资源信息核心元数据标准》(TD/T 1016—2003);

(13)数字测绘产品检查验收规定和质量评定(GB/T 18316—2001);

(14)测绘成果质量检查与验收(GB/T 24356—2009)。

地籍测绘成果检查验收质量要求

一、对检测设备、软件的要求

（1）检测仪器设备的精度原则上不低于作业使用的仪器设备的精度。

（2）检测软件应采用与生产相同或同类型的软件。

（3）检测仪器必须通过计量检定。

二、成果质量要求

（一）地籍调查质量要求

地籍调查检查采用内、外业相结合的方法进行。内业检查调查表填写是否符合规程要求；地籍要素项目是否齐全、正确；宗地草图表示要素是否遗漏；勘丈数据、注记整饰是否符合要求；地类划分是否正确。外业检查街道、街坊、宗地划分是否正确合理；权属调查确认的土地所有者、使用者与土地登记申请是否一致；认定界址的法律手续是否完整、规范、有效；界址点的实地位置是否准确，有无固定标志；界址边的走向是否合理；界址点有无遗漏及界址边长勘丈精度等。

（二）控制测量质量要求

控制测量检查采用内、外业相结合的方法进行。内业检查相关技术文本的表述是否正确；控制网布设方案是否合理；所用的仪器是否符合标准；观测条件的掌握、观测成果及概算、平差结果是否符合相应要求；用相应的软件验证平差结果是否正确；清查上交资料是否完整。外业检查控制点的选点和埋设质量；点之记绘制是否正确；实地检查控制点的平面和高程精度。具体包括：控制测量网的布设和标志埋设是否符合要求；各种观测记录和计算是否正确；各类控制点的测定方法、扩展次数及各种限差、成果精度是否符合要求；起算数据和计算方法是否正确，平差的成果精度是否满足要求等。

1. 控制测量单位产品的质量特性及权的划分

控制测量单位产品的质量及权的划分如表 1 所示。

2. 数据质量

1）数学精度

最弱点点位中误差：无约束平差的基线向量改正数 <3&；

有约束平差的基线向量改正数 <2&。

最弱边边长相对中误差。

2）观测质量

（1）测量仪器的计量检定和检验（仪器鉴定资料）。

（2）观测条件的合理性（打开观测记录数据可检查）。

（3）接收机设置的正确性：如采样间隔、静态观测方式或其他方式；观测时接收卫星数量 >4；*PDOP* 值（ >6）。

（4）观测成果的正确性（打开观测记录数据可检查）：是否采集了足够的数据（星历文件）及观测时间；每颗星的连续观测时间；接收机之间有效的同步观测时段长度；重站率（ >1.6）。

(5)观测成果的规范性(打开观测记录数据、记录手簿可检查):是否正确地量取天线高并正确、规范地记录;是否按照设计要求进行温度、气压、湿度等的量取和记录;是否正确绘制测站环视图;是否按要求记录卫星失锁状况等。

表1　产品质量特性及权的划分

一级质量特性	权	二级质量特性	权	三级质量特性
技术资料	0.10	1. 技术设计的内容及正确性 2. 技术总结的内容及重大问题处理记载 3. 各类资料的完整性 4. 整饰质量		
数据质量	0.60	数学精度	0.60	1. 成果精度 2. 检测精度(外业)
		观测质量	0.30	1. 仪器精度、仪器检定资料 2. 观测的技术条件、观测方法的合理性 3. 观测数据的完整性、正确性 4. 观测成果的规范性、电子记录簿程序的正确性及标准化
		计算质量	0.10	1. 外业验算项目齐全及正确性 2. 限差统计分布和检验各项限差的符合情况 3. 平差方法、平差结果
点位质量	0.30	1. 网形强度、控制点位置、控制点密度 2. 埋石质量 3. 点之记绘制		

3)计算质量

(1)数据处理(数据检验记录、成果表、起算数据资料、技术总结、检查报告):数据处理软件(使用)是否正确,数据预处理(基线解算)及数据分析;同步环、异步环、重复基线检验、异步环的边数等,数据后处理(平差计算)及数据分析。

(2)所采用的坐标系统、投影方式、投影面是否正确:(平面、高程)起算点数量是否满足设计要求;(平面、高程)起算点可靠性检核(兼容性);(平面、高程)起算点数据的正确性(是否用错、输错、改算错)。

(3)限差统计分布和检验。

3. 点位质量

1)点位选择的合理性(外业)

(1)布网的合理性:是否满足下一工序的需要(加密、测图等);短边、超短边是否布设为直接观测边;平均边长是否符合设计要求,是否有利于其他测量手段进行扩展与联测(通视条件等);是否远离无线电干扰源;卫星高度角(>15°)。

(2)点位的稳定性:是否有利于水准联测(或有足够的水准点);交通及利用旧点情况。

2)标石质量(外业)

标石规格;埋设深度;点位标识等。

3)点之记绘制

(1)点名、点号的正确性及与实地的符合情况(点之记)。

(2)委托保管情况(委托保管书)。

4. 技术资料质量

1)技术设计的正确性(技术设计编写规定)

(1)作业依据(各个行业标准的差异)。

(2)与规范、用户要求的符合性检查(对照合同)。

2)资料的完整性(设计书要求提供的资料清单)

成果表,附图、附表,点之记及委托保管书,技术总结,检查、验收报告及相关的原始记录,硬拷贝及数据盘等,数据备份的安全性等。

3)整饰质量

(1)资料的外观质量、包装质量。

(2)观测手簿记录的字体、擦改情况。

(三)地籍图质量要求

1. 数学精度

(1)外业检测数学精度,实测应采用不低于成图精度的检测方法。点的平面坐标采用外业散点法按测站点精度采集,用钢尺量测相邻地物点间距离,与数据比较,统计平面位置中误差。

(2)检测点(边)应均匀分布。实施外业散点法检测时,图幅内至少要"品"字形布设3个测站以上。检测点宜选位置明确的地方,点数为30~50个。

2. 属性精度

外业赴实地巡视检查属性精度。内业属性精度检查主要包括要素分类与代码的正确性,要素属性值的正确性,要素属性的完备性,要素注记的正确性。检测时,可通过与实地、数字化航片、原图等对照检查,或在屏幕上逐一显示要素,依据有关的要素分类代码表检查要素分类属性、代码以及注记的正确性。

3. 数据精度

在计算机上检查数据组织、资料格式、文件命名、数据层、图廓点坐标、公里格网的正确性、完整性;分层检验要素种类的完整性、属性数据的完整性、属性值数据类型的正确性;注记的正确性、完整性;元数据的正确性、完整性等;数据逻辑的合理一致性,包括面状地物的封闭性、线状地物的连续性、相邻图幅接边地物的一致性、实体地理协调性等。

数据文件应完整、可交换。

检测时可采用屏幕漫游的方式检查或用程序检查。

4. 接边精度

在计算机屏幕上显示相邻图幅拼接处两边图内的要素,检查公共图廓边是否完全重合、接边要素几何位置是否自然连接,以及相邻要素属性是否一致等。

5. 整饰质量

在计算机屏幕上全要素显示样本图幅,参照有关的规范和技术设计书,采用目视法检查图上各种符号及线划的规范性、图廓整饰质量、各种注记的正确性和完整性等。

6. 附件质量

检查技术设计书、技术总结、检查报告、文档簿、图件、元数据文件等资料的正确性、完整性及齐全性。

三、测绘数据质量要求

(一)数据的修约

检测所有观测数据及计算数据的有效位数、计量单位是否与有关标准的规定一致,并按数据的修约规则修约,不足部分以“0”补齐。

(二)数据分析处理

(1)分析检测数据,检查各项误差是否符合正态分布,凡误差大于2倍中误差的检测点应校核检测数据,避免由于检测造成的错误。确认无误后,其误差值应进行精度统计。

(2)凡大(等)于3倍中误差的检测数据,不进行中误差统计,一律视为粗差予以剔除。

(三)中误差计算规定

按单位产品进行精度统计。应计算的中误差主要包括平面位置中误差、间距中误差。一般情况下,要求同一参数测试个数不小于30个,当测试个数小于20时,用算术平均法计算中误差。

成果检查验收方法及要求

一、建立健全检查验收制度

现阶段在我国开展地籍测量工作,是以国家测绘与地理信息局和国土资源部所规定的技术标准进行的。因此,在检查验收时,应以国家测绘局1994年11月28日发布、1995年2月1日实施的《地籍测绘规范》《地籍图图式》,国土资源部2012年颁发的《地籍调查规程》,以及测区的具体技术规定为标准。凡是满足不了规范和规程的规定标准和精度要求的,应查明原因并进行返工。

地籍测绘成果实行三级检查一级验收制,过程检查、最终检查和验收。测绘生产单位负责对产品质量进行检查,包括作业员自检、作业组互检、专检。验收工作由任务的委托单位组织实施或由该单位委托具有检验资格的检验机构验收。验收工作应在测绘产品经最终检查合格后进行。地籍测绘成果验收工作一般由各级国土资源管理部门负责进行。同时,建立监理制度,由监理单位全程跟踪检查成果质量,在自检、互检、专检和监理合格的基础上进行省级验收。只有上道工序检查合格后,方可进行下一步的工作。作业单位针对自检、互检、专检的各项检查结果做好详细记录,并提交“三级检查记录”“三级检查报告”。监理单位应提交“监理记录”“监理报告”等。

地籍测绘成果具备下列条件方可提交验收:

(1)各项工序全面完成,并经自检、互检、专检和监理合格。

(2)阶段性检查程序完备、记录齐全。

(3)权属调查成果达到法律程序完备、权属合法、界址清楚、面积准确、地类和土地利用情况属实。

(4)成果资料齐全,整理规范。

二、检查验收的组织和分工

(1)成果的检查验收工作由各级国土资源管理部门统一负责。

(2)地籍测绘队伍应当设2~3名专职或兼职成果检查人员。作业班(组)应当设一名兼职检查员,负责监督本班(组)的作业成果自检和班组之间的交换互检工作。

(3)建立监理制度的,应选择技术实力强并经领导小组认定的单位承担监理工作。

三、检查验收程序

(一)检查验收顺序

检查验收顺序一般为:作业员自检—作业组互检—专职检查员检查(作业队专检)—验收。监理应贯穿整个作业过程。

1. 作业员自检

作业员自检应随时进行,自检中发现问题应及时改正,在每一道工序阶段结束时,再作比较系统的自检。自检人员在记录及成果上签字,提交作业组互检。

2. 作业组互检

作业组互检是在作业员自检的基础上,按工序或工作阶段进行。互检中发现问题应及时交作业员改正合格后,互检人员在作业记录及成果上签名,并将互检记录及成果提交作业队专检。

3. 作业队专检

作业队专检是在完成自检、互检的基础上,以村(街坊)或图幅为单元逐一进行。发现问题应立即返工改正,合格后,专职检查员在专检记录及成果上签名。作业队将成果与"三检记录"提交监理单位进行监理。

4. 监理

(1)监理应本着公平公正、科学真实、准确可靠、按时保质保量的原则,依据《地籍调查规程》(TD/T 1001—1012)和有关规定,在作业队提交的"三检记录"和阶段成果的基础上随时进行监理,并提交"阶段监理""阶段监理报告"等。

(2)测绘工作完成后,监理单位应对成果进行监理、记录、汇总和评价,同时提交"监理记录""监理报告""专项监理分析报告",以及是否提交预检和验收的建议等,并作为申请预检、验收的条件和成果资料之一。

(3)在完成三级检查和监理的基础上,对测区全部成果进行预检和验收。预检和验收工作可一次进行或按内外业分别进行,如果需要,也可分阶段或分区域进行。

(二)验收

经各项检查合格后,由各级国土资源行政主管部门负责验收。

检查、验收人员应认真做好检查、验收记录,并将记录随产品移交,供分级存档。

检查和验收工作完成后,生产单位和验收单位应先后编写检查报告和验收报告。检查报告经生产单位领导审核后,随产品一并提交验收。验收报告经验收单位主管领导审核(委托验收的验收报告送委托单位领导审核)后,随产品归档,并送生产单位一份。

四、检查验收的实施

测绘成果检查验收的各环节应按前述规定严格执行，各环节成果交接须手续完备，并形成相应的检查记录和检查报告，以及监理记录和监理报告。

（1）各级检查验收的比例：

①作业人员自己重复检查，检查比例可根据自身作业水平确定。

②作业组之间的互换互检，检查比例内外业均为100%。

③专职检查内业为100%，外业实际操作检查不低于20%，巡视不低于70%。

④监理应贯穿整个作业过程，即实时监控。

⑤验收时，内业抽检30%～50%，外业检查比例视内业抽查情况决定，一般为3%～5%。

（2）自检、互检、专检工作应分工序阶段进行，保证把粗差消灭在本工序、本阶段内。

（3）在检查工作中，发现成果有不符合有关规程和技术设计及有关规定的，要根据其性质和对成果质量的影响程度，分别提出书面处理意见，交被检查单位改正或返工。

（4）成果质量评定分优、良、合格、不合格四个等级。

五、检查验收的内容

（一）室内检查

1. 总体检查

根据《地籍调查规程》（TD/T 1001—2012）要求，主要检查成果资料是否齐全，技术路线和方法是否正确，数据库建设是否符合要求。

2. 权属调查成果检查

1）检核权属调查结果

主要检核街道、街坊、宗地划分是否正确合理；权属调查确认的土地所有者、使用者与土地登记申请是否一致；认定界址的法律手续是否完整、规范、有效；界址点的实地位置是否准确，有无固定标志；界址边的走向是否合理；界址点有无遗漏等。

2）检查地籍调查表

检查地籍调查表主要检查填写方法是否正确，填写内容是否符合《地籍调查规程》（TD/T 1001—2012）要求。

3）检查宗地草图

（1）勘丈数据是否齐全，有无检核条件。

（2）注记是否清晰，整饰是否规范。

（3）宗地坐落、门牌号、宗地号、界址点号、相邻宗地界址点、四至、指北方向、作业日期等要素有无遗漏。

4）检查地类划分

检查地类划分是否符合《地籍调查规程》（TD/T 1001—2012）规定。

3. 检查土地利用情况

检查行业用地、闲置土地、空闲土地、批而未供土地、供而未用土地、低效使用土地、基准地价等标注是否正确，有无遗漏。

4. 地籍控制测量成果检查

(1)坐标系统选择是否合理、长度变形是否超限。

(2)起算数据是否可靠,首级控制等级选择是否适当,施测方法是否正确。

(3)各级控制网布设、点位密度是否适当,精度是否符合要求,是否能同时满足界址点测定、地籍图测绘和像片联测要求。

(4)首级控制、加密控制与图根控制施测方法是否正确,精度和密度是否符合要求。

(5)平差方法、数据处理方法是否符合《地籍调查规程》(TD/T 1001—2012)要求。

(6)观测记录数据是否齐全、规范。

(7)高程基准选择是否正确、施测精度是否能够满足内业要求。

(8)资料是否齐全,内容是否完整、规范。

5. 航摄资料检查

(1)上交的资料是否完整齐全。

(2)影像资料是否符合《地籍调查规程》(TD/T 1001—2012)要求。

(3)飞行质量是否满足需要。

(4)机载 GPS、IMU 记录是否满足需要。

6. 像控点与外业调绘片检查

(1)野外像控点布设是否满足要求,位置是否符合像片条件。

(2)刺点误差及刺孔误差是否超限,整饰是否规范。

(3)调绘片是否齐全。

7. 数字正射影像图检查

(1)数字要素精度和内容是否符合《地籍调查规程》(TD/T 1001—2012)规定。

(2)影像美观、色调协调、反差等方面是否符合要求。

(3)界址点间距、界址点与邻近地物点间距等各项精度是否符合规定。

(4)影像与界址点、界址边套合是否合理。

(5)图幅接边是否无误,是否存在移位、属性不一致和逻辑错误。

8. 细部测量检查

细部测量检查主要检查手簿及各项精度是否符合要求。

9. 地籍图检查

(1)地籍图和地籍数字正射影像图是否同时具备。

(2)数字精度是否符合《地籍调查规程》(TD/T 1001—2012)要求(包括数字基础、平面位置精度)。

(3)图式使用是否正确,各种注记、编码有无遗漏,图面整饰是否清晰、完善。

(4)图幅间接合是否合理,有无不接现象和逻辑错误。

(5)界址点、地物点点位精度、临近点精度是否符合《地籍调查规程》(TD/T 1001—2012)要求。

10. 面积量算及汇总统计

(1)面积量算方法是否正确,误差是否在限差内。

(2)汇总统计表格是否齐全,数据是否正确。

(3)汇总统计表内的纵向、横向数据是否平衡。

(4)汇总统计表间的衔接是否严密。

(5)汇总统计表间的逻辑关系是否正确。

11. 数据库建设检查

(1)数据库结构是否合理,数据格式是否正确。

(2)数据库功能是否完善,安全性是否严密。

(3)数据库系统是否健全,是否便于查询、修改和历史回溯。

(4)数据库输出的地籍图和地籍数字正射影像图是否符合《地籍调查规程》(TD/T 1001—2012)要求。

(5)数据库输出数据及各类汇总统计表格是否齐全、表与表之间数字逻辑关系是否正确。

12. 文字报告检查

文字报告检查主要检查报告内容是否齐全,结构是否合理,表述是否清楚,技术术语运用是否正确,文字是否流畅,分析是否深刻,能否正确反映当地调查工作特色、技术特点和城镇土地利用现状与利用潜力。报告书写格式是否统一、规范。

(二)外业检查

在室内全面检查的基础上,按要求随机抽取一定数量的图幅,赴实地重点核实和检测、检查以下内容,并做好记录。

1. 权属调查检查

(1)界址点、界址线位置是否与实地一致,各类间距勘丈数据误差是否符合要求。

(2)地籍调查表填写内容是否与实地一致。

(3)地类认定、土地利用情况认定是否准确。

(4)界址点、界址线、宗地有无遗漏,位置是否正确;界址点标志是否完整、规范。

(5)街道、街坊、宗地划分是否合理、正确,标注是否无误。

2. 像控点及地籍控制点检查

(1)像控点与实地是否相对应,判读是否无误,刺点位移是否超限。

(2)地籍控制点位置是否适当,标志设置是否规范,与点之记描述是否一致。

(3)GPS 控制点观测条件是否符合《地籍调查规程》(TD/T 1001—2012)要求。

(4)地籍控制点与像控点观测条件和精度是否一致。

(5)外业检测精度是否符合要求。

3. 地籍图、地籍数字正射影像图与土地利用情况检查

(1)界址点、界址线位置是否正确、有无遗漏,界址点标志设置是否规范。

(2)建筑物结构、层次是否正确。

(3)地物要素有无遗漏,取舍是否恰当。

(4)行业用地、闲置土地、低效使用土地等判别是否准确,划分是否合理,注记有无遗漏。

(5)界址点坐标、界址点间距、界址点与临近地物点间距、地物点间距等实地检测精度是否符合要求。

(6)各点位精度是否符合要求。

(7)图上数据与实地勘丈数据之差是否符合要求。

4. 细部测量检查

外业选择适当的测站，利用全站仪、光电测距仪等仪器采用高精度或同精度方法检测，界址点、地物点实地检测点数每幅图均不少于25个，并与已有坐标进行比较，评定精度。

(1)界址点点位中误差是否超限，最大误差是否超限。

(2)地物点点位误差是否超限，邻近地物点间距是否超限。

(3)界址点与邻近地物点间距误差是否超限。

六、成果检测方法与要求

测绘成果必须以一定比例(参见前面"检查验收的内容")进行内外业检查，针对有关内容的检查方法和要求如下所述。

(一)解析界址点点位误差检查与精度评定

解析界址点点位误差检查必须在野外进行，尽量以与原测站不同的已知点为依据，利用高精度或同精度方法重新施测25个以上解析界址点的坐标进行比较，填写表2并计算中误差。

表2　解析界址点点位精度检查记录表(外业检查)

街坊号	宗地号	界址点号	原测坐标		检测坐标		坐标较差		$\Delta^2=\Delta X^2+\Delta Y^2$
			X	Y	X_1	Y_1	ΔX	ΔY	
检查结果		$[\Delta\Delta]=\sum\Delta^2$				解析点位中误差 $m=\pm$			

检查者：　　　　　　　　　　年　　月　　日

注：1. 界址点按街坊编号时，宗地号可不填。

2. 高精度方法检测时，$[\Delta\Delta]$为Δ^2之和，中误差计算公式为：$m=\pm\sqrt{\frac{[\Delta\Delta]}{n}}$，$m\leq\pm5$ cm(±7.5 cm)。同精度方法检测时$[dd]$为d^2之和，中误差计算公式为：$m=\pm\sqrt{\frac{[dd]}{2n}}$，$m\leq\pm5$ cm(±7.5 cm)，括号内的数据适用于街坊内部隐蔽的界址点。

3. 允许误差为2倍中误差。

4. 允许误差的$\sqrt{3}$倍视为粗差，粗差率不得大于检查数量的5%。

(二)宗地草图精度检查

1. 界址边长间距误差检查

宗地草图上的界址点间距误差检查通常采用原勘丈距离或解析反算边长与实地检测距离或检测坐标反算边长相比较，填写表3，并计算中误差。

表 3　界址边长间距误差记录表(外业检查)

街坊号	宗地号	界址点号		原测距离(m)	比较距离(m)	较差 d(cm)	d^2
检查结果		$[dd]=\sum d^2$				解析点位中误差 $m=\pm$	

检查者:　　　　　　　　　　　　　　　　　　　　年　月　日

注:1. $m=\pm\sqrt{\frac{[dd]}{2n}}$,要求 $m\leqslant\pm5$ cm (±7.5 cm)。

2. 允许误差 $\Delta_{允}\leqslant\pm10\sqrt{2}$ cm($\pm15\sqrt{2}$ cm)。

3. 允许误差的$\sqrt{3}$倍视为粗差,粗差率不得大于检查数量的5%。

2. 界址点与邻近地物点关系距离检查

界址点与邻近地物点关系距离检查记录如表4所示。

表 4　界址点与邻近地物点关系距离检查记录表(外业检查)

街坊号	宗地号	界址点号		原测距离(m)	比较距离(m)	较差 d(cm)	d^2
检查结果		$[dd]=\sum d^2$				解析点位中误差 $m=\pm$	

检查者:　　　　　　　　　　　　　　　　　　　　年　月　日

注:1. $m=\pm\sqrt{\frac{[dd]}{2n}}$,要求 $m\leqslant\pm5$ cm(±7.5 cm)。

2. 允许误差 $\Delta_{允}\leqslant\pm10\sqrt{2}$ cm($\pm15\sqrt{2}$ cm)。

3. 允许中误差的$\sqrt{3}$倍视为粗差,粗差率不得大于检查数量的5%。

(三)地籍图精度检查

1. 图上界址点间距、界址点与邻近地物点关系距离、邻近地物点间距误差检查

将图解距离与相应的解析反算边长或检测距离、宗地勘丈数据进行比较。用表5进行记录,用相应公式计算中误差,并与规定允许误差进行比较。

表 5　地籍图精度检查记录表（室内检查）

街坊号	宗地号	界址点号		图解距离（m）	比较距离（m）	较差 Δ（cm）	Δ^2
检查结果		$[\Delta\Delta]=\sum\Delta^2$				解析点位中误差 $m=\pm$	

检查者：　　　　　　　　　　　　　　　　　　　　年　　月　　日

注：1. 间距中误差 m 为：$m=\pm\sqrt{\frac{[\Delta\Delta]}{n}}$，要求 $m\leqslant\pm0.3$ mm。

2. 本表也可用于界址点与邻近地物点关系距离误差、邻近地物点间距误差检查。

3. 图上界址点间距允许误差 $\Delta_{允}\leqslant\pm0.6$ mm；图上界址点与邻近地物点关系距离 $\Delta_{允}\leqslant\pm0.6$ mm；图上邻近地物点距离中误差 $m_t\leqslant\pm0.4$ mm，$\Delta_{允}\leqslant\pm0.8$ mm。

4. 允许误差的 $\sqrt{3}$ 倍视为粗差，粗差率不得大于检查数量的 5%。

2. 图上地物点点位精度检查

利用野外检测坐标与图上坐标进行比较，填写表 6。

表 6　图上地物点点位精度检查记录表（室内检查）

街坊号	宗地号	界址点号	图解坐标		检测坐标		坐标较差		Δ^2
			X	Y	X_1	Y_1	ΔX	ΔY	
检查结果		$[\Delta\Delta]=\sum\Delta^2$					解析点位中误差 $m=\pm$		

检查者　　　　　　　　　　　　　　　　　　　　　年　　月　　日

注：1. 点位中误差 $m=\pm\sqrt{\frac{[\Delta\Delta]}{n}}$，要求 $m\leqslant\pm0.5$ mm；允许误差 $\Delta_{允}\leqslant\pm1.0$ mm。

2. 允许误差的 $\sqrt{3}$ 倍视为粗差，粗差率不得大于检查数量的 5%。

地籍测绘成果质量评定

地籍测绘成果的质量评定内容由文字报告、权属调查、土地利用现状调查、控制测量(包括像控点测量)、航空摄影、地籍图与影像图制作、面积量算与汇总统计、数据库建设等多个单项构成。按各单项权重和检查得分,合计评定成果等级:

(1)总分大于等于90分,为优。

(2)总分大于等于75分,低于90分为良。

(3)总分大于等于60分,低于75分为合格。

(4)总分低于60分为不合格。

一、成果质量合格标准

(1)符合《地籍调查规程》(TD/T 1001—2012)要求,但未达到良级成果全部条件。

(2)有个别缺点,但各项误差在2~3倍中误差之间的个数不超过抽查总数的5%,无粗差或错误。否则,原则上不予验收。但若能查明错误原因,且有特殊原因,并经纠正错误后,可继续验收;如多处有错误,则不能验收。文字报告资料没有能引起权属混乱不清的笔误及错误。

(3)法律手续完备、工作程序正确、技术资料完整。

二、成果质量良级标准

良级成果除要满足合格成果的全部条件外,还应满足本级(良级)的条件。

(一)文字资料检查

(1)技术设计规范,内容齐全,文字清晰,语言通顺简练。

(2)技术报告的技术分析和质量评价全面、准确,技术问题的处理科学有效,文字语言简练规范。

(3)工作报告能准确反映整个工作过程的组织、计划、设计特色,语言简练,经验教训分析深刻,建议适用且有真知灼见。

(4)城镇土地利用现状与潜力分析报告数据可靠,概念清楚,推理逻辑性强,文字流畅。

(5)数据库建设报告符合有关规定要求,程序正确。

(二)权属调查检查

(1)调查区划分正确,与登记申请区对应,调查工作底图良好。

(2)地籍编号正确、清晰、完整。

(3)界址认定程序正确,法律手续完备。

(4)界址标志设置齐全、醒目。

(5)宗地草图内容齐全、清晰易读,勘丈数据完整、正确。

(6)地籍调查表填写齐全、清晰,文字表述简练、准确,结论清楚,手续完备。

(7)地类及土地利用情况调查正确。

(三)控制点与像控点测量

(1)GPS网(点)、三角网、导线网(点)像控点布设良好,点位恰当,便于准确刺点,利于发展，点之记填写正确。

(2)仪器检验项目齐全，检验结果符合规定。

(3)观测条件良好，观测方法符合要求。

(4)各类闭合差小于限差的 3/4，控制点密度符合要求。

(5)电子记录程序正确，输出格式符合标准要求，手簿记录齐全正规、计算正确。

(6)上交资料整理良好、齐全。

(7)控制测量等级符合要求。

(四)地籍图细部测量(图件)

(1)地籍图根点密度和位置能较好地满足界址点测定和测绘地籍图需要。

(2)界址点、界址边距离检测较差在限差之内，测量精度符合《地籍调查规程》(TD/T 1001—2012)要求。

(3)界址点与邻近地物点关系距离检测较差均在限差之内。

(4)地籍数字正射影像图像点位移在 0.4 mm 之内。

(5)图廓点、控制点、方里网点误差不超过限差。

(6)数字基础符合要求。

(7)地籍数字正射影像图与实测界址点套合合理。

(8)地籍数字正射影像图影像清晰、反差适中、色调均匀。

(9)界址点成果表齐全无误。

(10)地籍图、宗地图内容完整，整饰规范，注记清晰。

(五)航空摄影

(1)航摄比例尺选择适当，数码航摄影像数据分辨率 10 ~ 12 μ。

(2)航摄季节与航摄时间符合要求。

(3)航线敷设符合《地籍调查规程》(TD/T 1001—2012)要求，重叠度适当。

(4)航摄时的各项偏差均在限差之内。

(5)影像清晰、层次丰富、反差适中、色调柔和、分辨率好，能够建立清晰的立体模型。

(6)图幅中云层覆盖不大于图幅面积的 5%，且不能覆盖重要地物。

(7)航摄底片的灰雾密度(D_0)不得大于 0.2；底片最小密度($D_{最小}$)至少比灰雾密度大 0.2；底片最大密度一般为 1.4 ~ 1.8。

(六)面积量算与汇总统计

(1)面积计算方法正确、数据可靠。

(2)汇总统计表格齐全。

(3)汇总统计数据正确。

三、成果质量优秀标准

(一)文字报告资料

(1)技术设计方案具体，质量保障措施严密，用语规范，文字流畅。

(2)报告总结了有指导意义的经验教训。

（二）权属调查检查

（1）宗地草图比例恰当，确定宗地界址及几何关系的各类距离数据完整正确，并有检核条件。

（2）地籍调查表项目填写齐全、正确，字迹美观，无涂改。

（3）界址标志设置齐全、醒目、坚固、可长期保存。

（4）调查内容齐全无误。

（三）控制点与像控点测量

（1）控制点布设均匀，密度和位置能较好地满足界址点测定和地籍测绘的需要。

（2）观测条件掌握严格。

（3）各类闭合差小于限差的1/3。

（4）上交资料齐全、整饰美观。

（5）像控点精度、密度、位置均能很好地满足内业作业要求。

（四）地籍图细部测量（图件）

（1）地籍图根点的密度和位置完全满足界址点测量和测图需要。

（2）界址点、界址边间距检测的较差70%以上小于限差的1/2。

（3）界址点与邻近地物点的关系距离检测较差70%以上小于限差的1/2。

（4）地籍数字正射影像图影像清晰，反差适中，色彩鲜艳，色调均匀。

（5）地籍数字正射影像图与界址点套合合理，且误差小于0.2 mm。

（6）数字基础完全符合要求。

（7）界址点、界址线整饰美观，成果正确。

（8）宗地图内容完整、比例适当，清晰易读。

（五）航空摄影

（1）航摄比例尺恰当，数码航摄影像数据分辨率小于10 μ。

（2）航摄季节、航摄时间理想。

（3）航线敷设及重叠度完全满足大比例航测成图需要。

（4）航摄时各项偏差均不大于限差的2/3。

（5）航摄资料提供齐全。

（六）面积量算与汇总统计

（1）面积量算方法表格齐全、规范。

（2）汇总统计表格齐全、规范。

（3）汇总统计数据正确，各级统计数据相互检验无误。

四、测绘成果质量评定表

地籍测绘成果检查评定项目、权重和评分详见表7～表13。

表7 地籍测绘成果质量评定表(文字部分)

检查项目		权重	单项评分(%)	得分	备注
技术设计	基本情况和用地特点				
	技术设计和技术路线				
	技术方法及坐标系统选择				
	质量标准、精度				
	地籍图规格与技术设计				
	小计				
工作报告	工作组织				
	工作计划与实施情况				
	取得的成果				
	体会与建议				
	小计				
土地潜力分析报告	潜力调查成果评述				
	土地利用潜力分析				
	挖潜改造方向研究				
	小计				
数据库建设报告	数据库建立依据				
	数据库结构与功能				
	数据库建设过程				
	数据库科技含量与应用效果				
	小计				
技术报告	技术设计的实施及效果				
	测绘成果的质量评述				
	经验总结与技术创新				
	小计				
语言文字	技术术语运用正确				
	文字叙述				
	小计				
合计					

检查者: 年 月 日

表8　　地籍测绘成果质量评定表(航空摄影部分)

检查项目	权重	检查数量	合格率(%)	单项评分	得分
飞行质量					
影像(图像)质量					
航摄资料提供情况					
像控点刺点及整饰					
像控点施测精度					
数字正射影像图数字基础					
数字正射影像图影像质量					
影像与施测位置套合质量					
界址点间距					
界址点与邻近地物点间距					
邻近地物点间距					
分幅图接边					
图面内容注记与整饰					
合计					

检查者：　　　　　　　　　　　　　　　　　　　　　　年　月　日

表9　地籍测绘成果质量评定表(权属调查与土地利用情况调查部分)

<table>
<tr><th colspan="2">检查项目</th><th>权重</th><th>检查数量</th><th>合格率(%)</th><th>单项评分</th><th>得分</th><th>备注</th></tr>
<tr><td rowspan="6">权属调查</td><td>调查工作底图、调查区划分</td><td></td><td></td><td></td><td></td><td></td><td rowspan="6"></td></tr>
<tr><td>地籍编号</td><td></td><td></td><td></td><td></td><td></td></tr>
<tr><td>界址认定法律程序</td><td></td><td></td><td></td><td></td><td></td></tr>
<tr><td>权属要素调查</td><td></td><td></td><td></td><td></td><td></td></tr>
<tr><td>地类判别与调绘</td><td></td><td></td><td></td><td></td><td></td></tr>
<tr><td>小计</td><td></td><td></td><td></td><td></td><td></td></tr>
<tr><td rowspan="5">宗地草图</td><td>本宗地、邻宗地坐落、使用者</td><td></td><td></td><td></td><td></td><td></td><td rowspan="5"></td></tr>
<tr><td>勘丈内容与勘丈方法</td><td></td><td></td><td></td><td></td><td></td></tr>
<tr><td>勘丈数据质量</td><td></td><td></td><td></td><td></td><td></td></tr>
<tr><td>宗地草图绘制</td><td></td><td></td><td></td><td></td><td></td></tr>
<tr><td>小计</td><td></td><td></td><td></td><td></td><td></td></tr>
</table>

续表 9

检查项目		权重	检查数量	合格率（%）	单项评分	得分	备注
土地利用情况	行业用地归类与调绘						
	土地利用情况调绘与调查						
	小计						
地籍调查表	表格填写规范化						
	土地使用者名称、性质						
	界址标志种类、界标类别及界址线位置						
	地类判别						
	小计						
合计							

检查者：　　　　　　　　　　　　　　　　　　　　年　月　日

表 10　地籍测绘成果质量评定表（控制测量部分）

检查项目	权重	单项计分（%）	得分	备注
仪器检验				
控制布设、层次、结构、线路长度				
起点数据分析与检验				
控制点密度、位置、埋石点数量及质量				
记录手簿				
控制网成果计算及精度评定				
控制网图及图幅接合表				
合计				

检查者：　　　　　　　　　　　　　　　　　　　　年　月　日

表 11　地籍测绘成果质量评定表（地籍要素测量部分）

检查项目	权重	单项计分（%）	得分	备注
解析界址点测量记录手簿				
解析界址点成果表				
建筑物、构筑物测量				
解析界址点点位精度				
相邻界址点间距精度				
界址点与邻近地物点关系距离				
合计				

检查者：　　　　　　　　　　　　　　　　　　　　年　月　日

表 12 地籍测绘成果质量评定表（地籍图、宗地图与面积量算部分）

检查项目	权重	检查数量	合格率（%）	单项得分	得分	备注
内图廓线及对角线绘制精度						
控制点、坐标网、界址点点位精度						
图面内容与图面整饰						
界址点间距、界址点与邻近地物距离						
相邻地物点间距						
地籍要素表示与注记						
图幅接边						
宗地图						
面积量算方法及量算质量						
面积汇总与统计						
合计						

检查者： 年 月 日

表 13 地籍测绘成果质量评定表（数据库成果部分）

检查项目			核查结果	备注
成果完整性检查		目录及文件规范性		
		数据有效性		
		影像数据完整性		
元数据属性检查		数据格式是否正确		
		数据内容正确性		
矢量数据	图层检查	图层命名是否正确		
		图层数据是否完整		
		坐标系或投影的正确性		
	图形检查	拓扑关系构建是否正确		
		必要的要素是否有漏失		
		矢量数据采集精度		
		单层宗地信息完整性		
		单幅宗地图信息的完整性		
	属性检查	结构符合性		
		属性正确性检查		
		值域的正确性检查		
	逻辑一致性检查	图属一致性		
		图层内属性一致性		
		图层间属性一致性		

续表 13

<table>
<tr><th colspan="3">检查项目</th><th>核查结果</th><th>备注</th></tr>
<tr><td>权属检查</td><td>数据字典检查</td><td>内容正确性</td><td></td><td></td></tr>
<tr><td colspan="2" rowspan="3">汇总面积检查</td><td>面积量算方法与量算质量</td><td></td><td></td></tr>
<tr><td>表内数据逻辑一致性</td><td></td><td></td></tr>
<tr><td>表格汇总面积和数据库汇总面积一致性</td><td></td><td></td></tr>
</table>

检查者： 年 月 日

注:1. 在表 7 ~ 表 13 中,若验收项目无法计算合格率,可参照相关规定的相应等级标准,进行单项定性打分(%),满分为 100%,然后将单项的打分乘以权重便可得单项得分。

2. 验收项目可以计算合格率的,将权重乘以合格率即为单项得分。

3. 各单项得分之和为验收成果的总分,依据总分高低评定等级。

最后,应对测区检查验收的情况,写出检查验收报告,队级(或作业单位)的验收报告,应随地籍测量资料一并上交,上级主管部门组织写出的验收报告,应随地籍资料一起保存建档。

附录二 3S技术在地籍测绘中的应用

随着计算机技术和信息技术的迅速发展,现代地籍调查与测量技术取得了长足的进步,特别是3S技术广泛应用于实际的现代地籍调查与测量工作中,使地籍调查与测量的采集手段、管理模式和应用方式发生了显著的改变。这里将就现今流行的测绘技术在地籍调查与测量中的应用进行介绍。

GPS技术在地籍测绘中的应用

目前,GPS技术已广泛用于地籍测绘、城镇规划、地球资源调查与管理、石油地质勘测等领域并发挥着巨大作用。GPS以其速度快、精度高、布点灵活和效益好等优点,在土地测绘领域应用中取得了良好效果,并且随着我国土地使用制度改革的不断深化,GPS应用前景更加广阔。

GPS技术在地籍调查与测量中的应用主要表现在以下几个方面:地籍控制测量中的应用;地籍细部测量中的应用;土地利用动态监测; GPS RTK技术在建设用地勘测定界中的应用等,特别是GPS RTK技术在地籍细部测量中甚至可以不布设各级控制点,仅依据一定数量的基准控制点,便可以高精度、快速地测定界址点、地形点、地物点的坐标,并利用测图软件可以在野外一次测绘成电子地图,然后通过计算机和绘图仪、打印机输出各种比例尺的图件。

一、利用GPS静态相对定位技术测定测区首级网

利用GPS技术进行地籍控制测量,平面相对定位精度较高,高程定位精度较低,但地籍测量的特点是对高程精度的要求不高,因此从精度上看是完全可行的。考虑到我国各个城市一般都有传统的测量控制网及成果数据,且地籍测量单位的常规测量仪器设备及技术力量仍应充分发挥其作用,因此在目前条件下,用GPS建立测区二、三等首级平面控制网或用GPS与传统大地测量组成混合网,然后在城市街道、房屋密集和GPS测量选点发生困难的地方,用GPS RTK测量方法加密,是比较现实与合理的。

(一)GPS地籍控制网点的精度和密度

地籍测量的首要任务是进行全区的控制测量,它是测绘地籍图件和数据的基础。而地籍控制网点的精度和密度主要是为满足土地权属范围的特征点即界址点服务。关于网点的密度,GPS地籍网可按测区范围和先后次序分首级网和加密网两类。首级网控制较大的测区,点的密度大致按城市三、四等边长要求确定,加密网点密度相当于5″级小三角网或导线。由于城镇地区界址点密度较大,故在保证网点点位精度的条件下,控制点密度力求增大到便于测定界址点,必要时在GPS网下再加密一级图根导线,以便能直接从图根点测定界址点。GPS网各边比常规网边长变化幅度大且长短边结合灵活方便,由此,各级网可视需要分期布设,也可一次性混合布设到需要的密度。

（二）GPS 区域控制网建立原则与技术设计

1. GPS 区域控制网建立的原则

GPS 区域控制网布设既要考虑到近期建设和规划的需要，又要考虑到远期发展的需求，二者兼顾。网点选择应便于 GPS 快速静态、实时动态定位技术在以后测绘工作中的使用。网的精度按三、四等 GPS 级施测；网点高程按三等水准施测。

2. GPS 区域控制网的技术设计

GPS 区域控制网的技术设计是一项基础性的工作。这项工作应根据网的用途和用户的要求来进行。其主要内容应包括精度指标的确定和网的图形设计等。

1）GPS 测量的精度指标

精度指标的确定取决于网的用途，设计时应根据用户的实际需要和可以实现的设备条件，恰当地选定 GPS 网的精度等级。各等级 GPS 网的主要技术规定见表 3-3、表 3-4 及《全球定位系统（GPS）测量规范》。

2）网形设计

GPS 网的图形设计就是根据用户要求，确定具体的布网观测方案，其核心是如何高质量、低成本地完成既定的测量任务。通常，在进行 GPS 网设计时，必须顾及测站选址、卫星选择、仪器设备装置与后勤交通保障等因素。当网点位置、接收机数量确定以后，网的设计就主要体现在观测时间的确定、图形构造及各点设站观测的次数等方面。

GPS 网应尽量采用独立的同步观测边构成闭合图形（或同步环），例如，三角形（需三台接收机）、四边形（需四台接收机）或多边形等，以增加检核条件，提高网的可靠性。然后，可按点连式、边连式和网连式这三种基本构网方法，将各种独立的同步环有机地连接成一个整体。采用不同的构网方式，又可额外地增加若干条复测基线闭合条件（对某一基线多次观测之差）和非同步图形（异步环）闭合条件，从而进一步提高了 GPS 网的几何强度及其可靠性。关于各点观测次数的确定，通常应遵循“网中每点必须至少独立设站观测两次”的基本原则。现以四台接收机为例，建立一个由 17 个点组成的 GPS 网，其布网形式及说明如图 1 所示。需注意的是，布网方案不是唯一的，实际工作中可根据具体情况灵活布网。

	点连式	边连式	网连式
网形	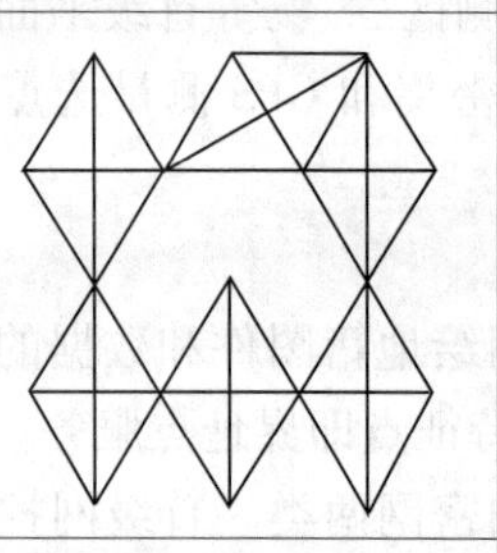	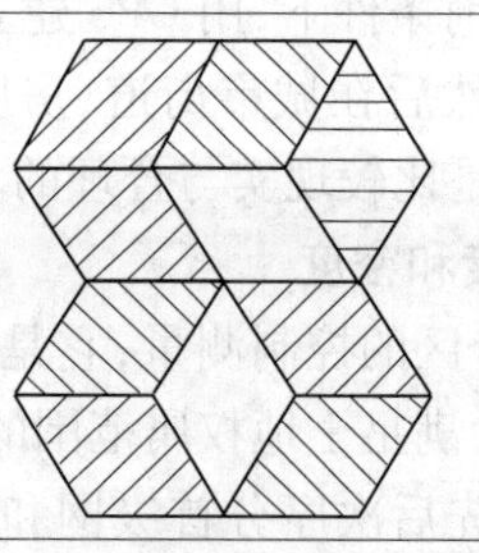	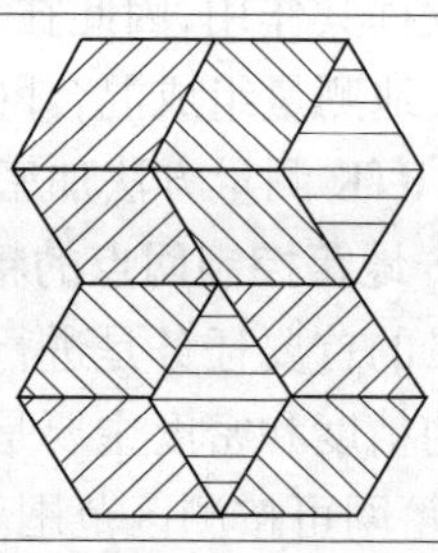
说明	6个同步四边形，1个非同步闭合条件，1条复测边	8个同步四边形，2个非同步闭合条件，6条复测边	10个同步四边形，14条复测边

图 1　GPS 布网方式

(三)布网方案

GPS 控制网的布设,既要满足远景发展的需要,又要满足近期规划及目前数字化地籍测量图根加密的需要。本着确保精度、速度快、费用省的原则,采用分级布网方式:

(1)确定 GPS 四等首级控制网。

(2)以首级 GPS 网点为基础,在近期规划区和数字化地籍测图范围布设 GPS 导线网,按常规级导线(平均边长约 300 m)的密度、精度布测控制点,作为 GPS 加密控制网(简称加密网)。

(3)首级网。以图 2 所示某测区首级网为例,其中以 1 ~3 号国家二等三角点作为联测起算点,利用 3 台双频 GPS 接收机同步观测,以边连、点连混合方式连续构成整体网,这样构网便于组成较多的同步环、异步环及复测基线,具有较强的几何强度和多余观测。

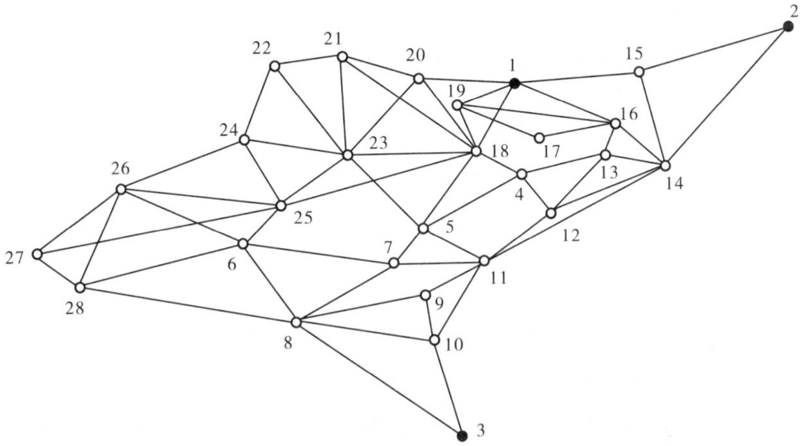

图 2　某测区首级网示意图

(4)加密网。采用两台接收机同步观测,每次观测均从已知点或已测点出发,连续推进,形成全封闭结点导线网,这样构网可以组成较多的异步环和多余观测,用以检核 GPS 点的可靠性。

(四)GPS 快速静态定位技术外业的实施

在 GPS 控制网区域内,可按实际测量工作的需要,用两台或两台以上仪器按多边形附合网、多边形闭合网、辐射状星形网方式进行野外施测,如图 3 所示。这些简化的布网方法将使工作效率大大提高。

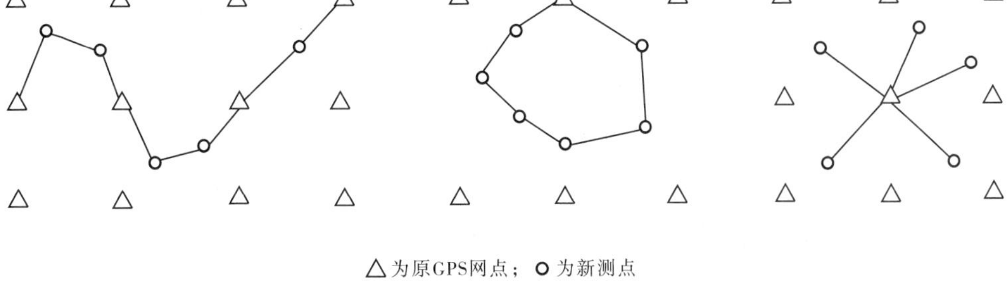

△为原GPS网点; ○为新测点

图 3　布网方法示意图

在求解所施测点位坐标及绝对高程时，将野外观测数据与测区周围原 GPS 网点数据（基线解及坐标）一起进行内业处理，再根据测区已知点数据采用曲线或曲面拟合方法即可求解出施测点的坐标及绝对高程。

（五）数据处理

（1）对计算机自动解算后的基线进行筛选：凡未通过精度因子及闭合差检验的基线，即视为不合格基线；对不合格的基线进行重测，经重测达到规定要求后才进行最后网的平差。

（2）网平差：首先进行三维无约束平差，检验其内部符合精度，然后进行约束平差，获取待定点坐标。

（3）精度分析：内业由 GPS 自带后处理软件进行数据处理后，可直接获取点的坐标、绝对高程，以及点位中误差、高程中误差、边长相对中误差等。

二、利用 GPS RTK 技术加密测区控制及细部测量

测区内等级控制点一般都不能满足大比例尺地籍图和施测界址点的需要，应在等级控制点的基础上布设适当数量的加密控制点。

采用 GPS 静态、快速静态相对定位测量，无需点间通视即可高精度地进行各种控制测量，但需要事后进行数据处理，不能实时定位并知道定位精度，内业处理后发现精度不合格，要求必须返工测量。而 GPS RTK 技术采用了载波相位动态实时差分方法，野外实时得到厘米级定位精度，极大地提高了外业作业效率。因此，除高精度的控制测量仍采用 GPS 静态相对定位技术外，GPS RTK 技术越来越多地应用于地籍控制及细部测量。

GPS 区域控制网建立后，即可在控制网区域内任何位置进行实时动态相对定位测量，如图 4（a）所示。将基准站设于一个原 GPS 网点上，利用测区周围原 GPS 网点的数据求解出测区的坐标转换参数，即可在流动站实时得到施测点的坐标及高程。在实施实时动态定位测量中，当测区有建筑群或高大树林遮挡，则基准站设在原 GPS 网点时，基准站与流动站之间的数据链通信由于受到隔挡将很难实现。此时，就应该在测区附近选择一两处与施测区通信较好的点，先进行快速静态定位测量，再于该点设置基准站进行实时动态定位测量。如图 4（b）所示。为 GPS 快速静态定位技术与 GPS 实时动态（RTK）定位技术的联合应用。

（一）地籍控制测量

实时动态定位技术应用于地籍控制测量，可以根据实际需要，灵活布设控制点，点位可疏可密。如图 5 所示，测区为相互独立的 A、B 两测区，应用实时动态定位技术，就可以在 GPS 控制点上架设基准站，并在需要布设控制点的 A、B 区域，直接布设控制点，而不必在 A、B 测区中间地带布设传算点，这使交通不便的独立地区能方便地进行整体联测。

采用实时动态定位技术进行地籍控制测量，效率不仅大大优于传统测量方式，而且明显优于 GPS 静态测量方式。例如，在大庆 82.2 万亩（1 亩 =666.7 m^2）油田用地的地籍调查中，在首级控制采用经典 GPS 静态测量的基础上，加密控制均采用了实时动态定位技术，在应用两台 GPS 接收机（分别作为基准站和流动站），点位间距离平均为 0.5 ~ 1.0 km，交通方便的条件下，平均每天测点 200 ~ 400 个，主要时间花费在交通上，这是传统测量方式及经典 GPS 静态测量方式所无法比拟的。这种测量方式还非常适用于中小城市（镇）的地籍控制测量，在面积为 100 km^2 以下的中小城市，如果形状比较规整，基准站布设在合适的位置上，一般仅需一个基准站就可完成控制测量，流动站与基准站之间不必考虑通视问题。

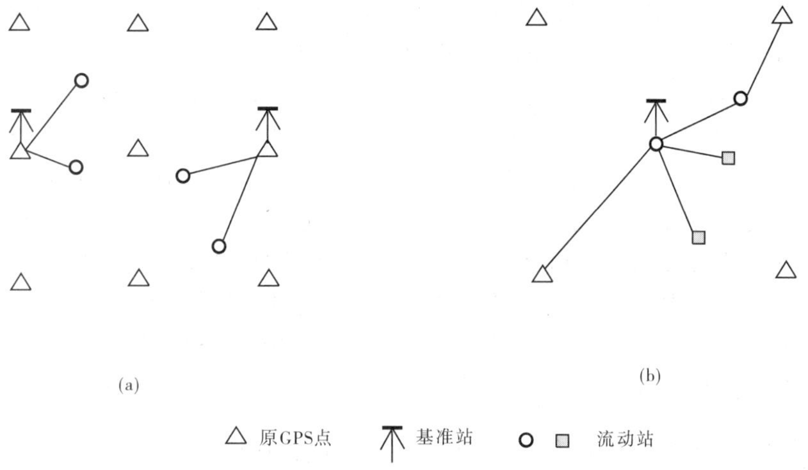

图 4　实时动态测量

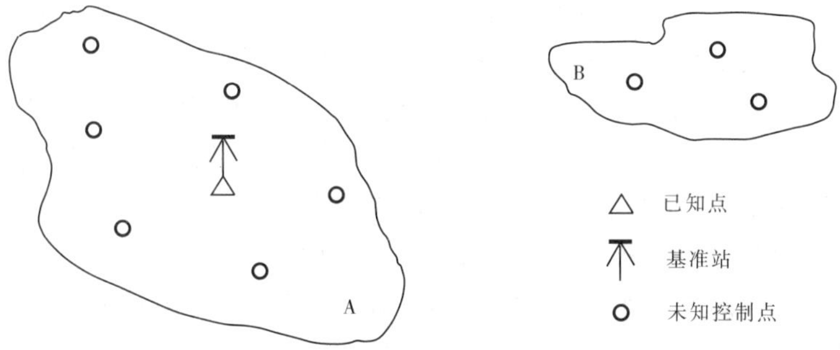

图 5　地籍控制点加密

(二)地籍碎部测量

采用实时动态定位方式进行地籍碎部测量具有非常明显的优势:一是采点速度快,在保持卫星连续跟踪的情况下,一般单点测量仅需几秒钟,在以基准站为中心方圆 20 km 内,既不需要变换基准站,也不需要图根控制点,更不需要定向,这就减少了全站仪频繁换站所花费的时间,且可以使多个流动站同时工作而互不影响。通过实践比较,在相同的时间内,一台流动站大约是一台全站仪工作效率的 1.5 倍。

实时动态定位测量方式在碎部测量上也有其不足的一面,它虽然不要求流动站与基准站通视,但是要求 GPS 接收机的卫星信号接收天线对天通视。在测量房屋、林带时,往往由于无法靠近被测地物而无法测量,解决的办法是利用全站仪配合补测,全站仪的测站和后视可由 GPS RTK 实时给出。

(三)放样土地权属界线

在土地管理中,经常出现土地权属界线在图上已确定,但由于实地地形复杂或通视困难等不利条件,常规方法很难实地确界的情况。实时动态定位技术非常适用于放样土地权属的确界,尤其是城镇街坊内通视不便、测量困难的隐蔽界址点、线的确界。

对于土地工程放样,常规的放样方法很多,如经纬仪交会放样,全站仪的边角放样等。放样出一个设计点位,往往需要来回移动目标多次,而且要 2 ~3 人操作,同时在放样过程中还要求点间通视情况良好,有时放样中遇到困难的情况要借助于很多方法才能完成。如果采用 GPS RTK 技术放样，仅需把设计好的点位坐标输入到电子手簿中，随身携带 GPS 接收机，按屏幕显示确定要放样点的位置，既迅速又方便，精度高且均匀。

随着 GPS RTK 技术的飞速发展和应用普及，它在地籍测量中的作用已越来越重要。当前，利用多基站网络 RTK 技术建立的连续运行卫星定位服务综合系统（Continuous Operational Reference System，缩写为 CORS）已成为城市地籍测量 GPS 应用的发展热点之一。连续运行卫星定位服务综合系统（CORS）可以定义为一个或若干个固定的、连续运行的 GPS 参考站，利用现代计算机、数据通信和互联网（LAN/WAN）技术组成的网络，实时地向不同类型、不同需求、不同层次的用户自动地提供经过检验的不同类型的 GPS 观测值（载波相位、伪距）、各种改正数、状态信息以及其他有关 GPS 服务项目的系统。与传统的 GPS 作业相比，连续运行参考站具有作用范围广、精度高、野外单机作业等众多优点。

三、后差分动态相对定位 GPS 技术进行土地利用动态监测

手持差分型 GPS 接收机，轻便灵活，具有 6 通道，可跟踪 8 颗卫星，能记录点、线、面等数据，可存储很多点的三维 GPS 位置数据和属性特征。码相位差分精度达 2 ~5 m，加分米级处理器定位精度大于 0.5 m，其精度完全满足土地利用状况调查及其动态监测的精度要求。利用手持式差分型 GPS 接收机进行土地利用动态监测，基准站可用其中一台手持式 GPS 接收机（若数据兼容，也可放置大地型 GPS 接收机），通过相位平滑伪距差分的方法，解算出流动站的位置，从而达到定位目的。实测原始数据的传输、编辑与处理均在随机软件中进行。将 GPS 定位结果绘制在土地利用现状图上，为土地利用动态监测提供数据。使用差分型 GPS 接收机测量监测点速度快、效率高，有着传统野外监测方法无法比拟的优点。

RS 技术在地籍测绘中的应用

RS 技术作为一门迅速崛起的新兴科学技术，在土地管理中得到了较为广泛的应用，从土地详查到城镇地籍调查及耕地动态监测，几乎所有土地管理基础业务的完成都离不开 RS 技术的支持，可以说 RS 技术为土地管理工作的发展起到了巨大的推动作用。这里概括介绍 RS 原理及其在地籍、土地管理中的应用。

一、RS 与 RS 技术系统

现代 RS 的含义是指观测者不与目标物直接接触，从远处利用光学的、电子的仪器接收目标物反射、发射、回射来的电磁波信息，并记录下来，通过处理、判读，进而识别目标物属性（大小、形状、质量、数量、位置、种类等）的过程。

RS 技术是指对目标物反射、发射、回射来的电磁波信息进行接收、记录、传输、处理、判读与应用的方法与技术。

根据 RS 的含义，RS 技术系统应包括：信息源、信息获取、信息记录与传输、信息处理、信息应用五大部分，如图 6 所示。

被测目标物信息特征是指任何目标（如地籍测量中的河流、道路、房屋、围墙等）都具有不同的发射、反射和吸收电磁波的性质，它是 RS 探测、识别目标物的依据。

目标物信息获得是将传感器装载在遥感平台上，根据生产和科研的需要，获得某地区地物、地形电磁辐射信息。传感器有扫描仪、摄影仪、摄像机、雷达等，遥感平台有遥感车、飞

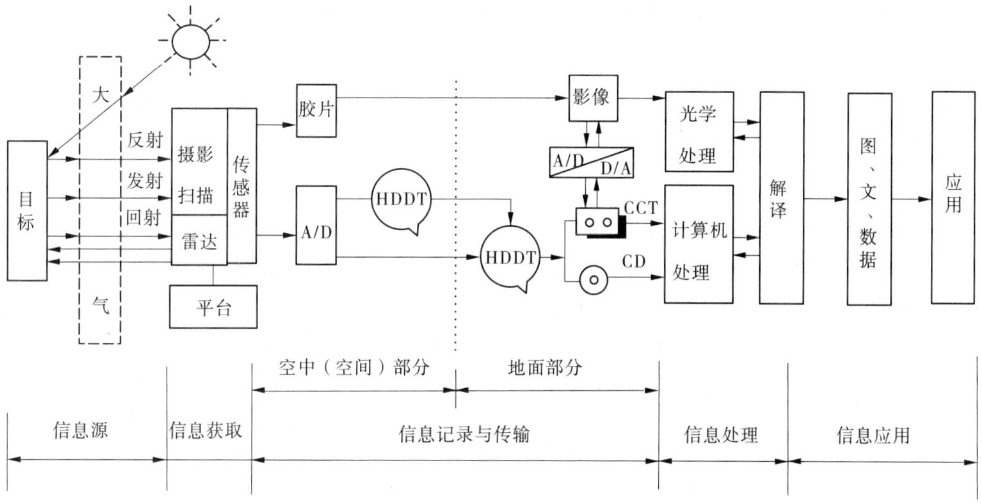

图6　RS系统的组成

机、气球、卫星、宇宙飞船、航天飞机等。

信息的接收是将传感器获得的目标物的电磁波信息记录在磁性介质上或胶片上。

信息的处理是指将记录在磁性介质或胶片上的信息进行一系列处理。如对记录在胶片上的信息经过显影、定影、水洗获得底片，再经曝光印晒成图像，或对记录在磁性介质上的信息经信息恢复、辐射校正、几何校正和投影变换等，变换成用户可使用的通用数据格式，或转换成模拟图像（记录在胶片上）供用户使用。

二、RS技术在土地利用动态监测方面的应用

（一）土地利用动态RS监测的作用

土地利用动态遥感监测是以土地利用调查的数据及图为基础，运用RS图像处理与识别技术，从RS图像上提取变化信息，从而达到对土地利用变化情况进行及时的、直接的、客观的定期监测。其目的是核查土地利用总体规划及年度用地计划的执行情况，并重点检查每年土地变更调查汇总数据，为国家宏观决策提供比较可靠、准确的土地利用变化情况，并对违法或涉嫌违法用地的地区及其他特定目标等进行快速的日常监测，从而为违法用地的查处，以及突发事件的处理提供依据。

土地利用动态RS监测在我国已有较多报道。国土资源部在2007年的10月到2008年10月期间，利用RS影像进行土地执法监测，在监测的172个城市中，平均违规违法占用的耕地是建设用地面积的14.4%；172个城市里面有46个城市违规违法占用耕地，新增建设用地占用耕地面积的比例超过15%；通过监测，对有效遏制土地违法行为，进一步规范土地管理秩序，促进各地加强耕地保护和节约集约用地起到了积极的作用。

（二）土地利用动态RS监测的特点

1. 传统土地利用动态监测

传统土地利用动态监测数据获取的主要技术手段为航空摄影测量技术，这种方法对大面积的初始土地利用数据的获取非常有效和经济，如用于每年的土地利用动态监测，就显得成本高、周期长。土地利用动态监测一般依靠人工野外调查发现变化信息，运用传统测量方

法(如简易补测法)进行变化信息的空间测量和面积量算。传统方法的缺点是:不能主动监测变化;测量方法落后且人为干扰大;变更数据获取速度慢,存在多次清绘误差累积;一旦发现变化,原来的图件即失去现势性;土地利用图斑多为不规则多边形,运用平板仪等测量工具只能测量拐点,不能连续测量整个边界,而且难以精确标绘到原详查底图上。

2. 土地利用动态 RS 监测

同其他监测手段相比,RS 监测具有速度快、精度高、范围广等特点,并能为国土资源管理工作提供基于事实影像的、可精确测量的、可作为基础信息的土地利用动态监测结果。随着 RS 技术的不断发展、影像分辨率的不断提高及计算机技术和信息处理技术的不断增强,土地利用动态 RS 监测的技术不断完善并得到越来越广泛地应用。

(三)土地利用动态 RS 监测的技术和方法

土地利用动态 RS 监测的主要思路是:对多源数据(包括多时相、多源 RS)进行纠正、配准、融合等预处理。通过图像处理和影像判读来确定变化属性及进行统计分析,结合人工判读目视解译,发现和提取土地利用的变化信息,并进行实地核查和建立土地利用动态监测数据库。根据本思路所形成的土地利用动态监测系统如图 7 所示。

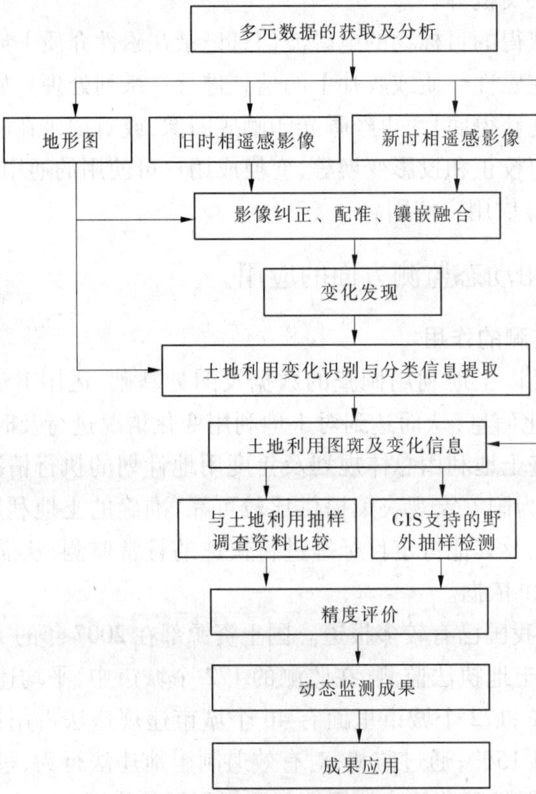

图 7　土地利用动态 RS 监测系统

1. 多源数据的选取

根据地籍管理所具有的连贯性、系统性、高精度等特点,结合当前 RS 数据的具体情况,目前对数据源的选取主要采用的是美国的 Landsat TM 和法国的 SPOT 这两种卫星数据。此外,为提高监测精度的需要,还要结合使用已有的地形图、土地利用调查图等图件资料,注意收集当地的人文、地质、作物生长信息。为实现对重点区域进行监测的需要,还要借助航片或更高分辨率卫星影像数据资料。

2. 数据预处理

多源数据的预处理包括辐射校正、影像增强、几何校正、影像配准、镶嵌及影像融合等。数据预处理能减小非变化因素的干扰,增强影像的可判读性,有效地提高监测精度。

1)校正和配准方法

(1)处理方式是TM、SPOT都分别几何校正到统一地图坐标系下,完成校正和配准工作。

(2)处理方式是首先对高空间分辨率的SPOT全色图像进行几何精校正,然后将TM图像与校正后的SPOT图像配准。

(3)处理方式是先将高质量的某一时相TM数据进行分景的几何精校正,像元大小插值成高分辨率,然后将其余卫星数据以景为单元与其进行相对配准。

(4)处理方式是先将TM图像和SPOT图像配准并融合,然后用地形图选取控制点进行几何精校正。

2)影像镶嵌

当一景图像不能覆盖整个监测区时,尽量选取相接近的卫星图像进行镶嵌。根据工作区的具体情况,镶嵌的方法采用先镶嵌后校正或先校正后镶嵌。

(1)先镶嵌后校正。

采用图像对图像配准技术,以其中一景图像为基准,从相邻图像重叠区选择控制点,将相邻的图像进行相对配准,然后将两景图像镶嵌起来,以此类推将工作区所有图像镶嵌到一起。再利用地形图对镶嵌好的图像统一选取控制点进行几何精校正,最终得到具有地理坐标的镶嵌图。该方法的优点是快速、省力,一般适用于相邻图像重叠较大、像元间相对几何精度较高、以平原区为主的RS图像的镶嵌。

(2)先校正后镶嵌。

先对各景RS图像分别进行几何精校正,然后在统一的地理坐标下镶嵌。该方法的优点是对相邻图像重叠度要求不高,一定程度上避免局部地区精度不高对整体精度造成的不利影响,特别是对涉及山区的SPOT数据的镶嵌基本采用该方法。

3. 多源多时相RS数据的融合

1)融合的目的

数据融合目的是通过将监测区内两个或多个时相的TM多光谱数据与SPOT全色波段融合(见图8),提高卫星影像数据的空间分辨率和光谱分辨率,增强影像判读的准确性。同时,两个时段影像的交叉融合又会突出变异,有助于检测出变化信息。

2)数据融合的技术关键

(1)充分认识研究对象的地学规律。

(2)充分考虑不同RS数据之间波谱信息的相关性而引起的有用信息的增加和噪声误差的增加,对多源RS数据作出合理的选择。

(3)解决RS影像的几何畸变问题,使各种影像在空间位置上能精确配准起来。

(4)选择适当的融合算法,最大限度地利用多种RS数据中的有用信息。

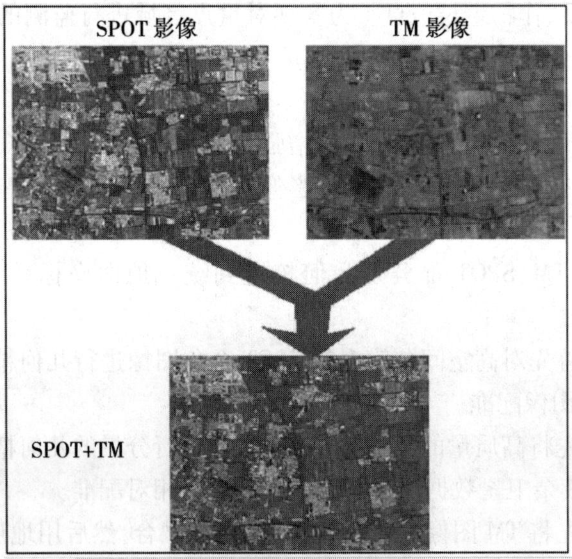

图 8　SPOT 影像与 TM 影像融合示意图

3) 融合前处理

(1) SPOT 数据：增强局部灰度反差、突出纹理细节、加强纹理能量和通过滤波来尽可能减少噪声。

(2) TM 数据：多光谱数据的贡献就是它的光谱信息，融合前主要以色彩增强为主，调整亮度、色度、饱和度，拉开不同地类之间的色彩反差，对局部的纹理要求不高，有时为了保证光谱色彩，还允许削弱纹理信息来确保融合图的效果。

4. 变化信息提取及变化类型确定

变化信息是指在确定的时间段内，土地利用发生变化的位置、范围、大小和类型。进行变化信息提取时，要对两个时相的 RS 影像作点对点的直接运算，经变化特征的发现、分类处理以及人工辅助判读解译，获取土地利用的变化位置、范围，确定变化的类型。变化信息提取示意图如图 9 所示。

图 9　变化信息提取示意图

5. 外业核查

当土地变更调查在变化信息提取之后时，可根据其结果缩小核查范围，减少野外土地变更调查的工作量，而核查的结果可提高 RS 监测的精度。当变化信息提取之前已经有土地变更调查资料时，则可根据调查资料定性指导、定量判读，支持并确认变化信息提取结果。内外业相互验证，从而提高 RS 监测的精度和可靠性。

6. 变化信息后处理

外业核查提供土地利用变化的真实信息。在核查的基础上,借助有关统计资料和专题资料,对变化信息进行后处理,归并小图斑,辅助解决原内业工作中的困难问题。选取特征图斑,为建立影像特征库提供典型影像资料;统计变化面积并作变化分析。

7. 监测精度评定

利用实地外业核查以及监测的变化图斑数据,对内外业变化监测的差异记录核实,并进行统计分析及精度评定,最终的监测成果为管理提供可靠的基础资料和技术保障。

三、遥感技术在城镇地籍调查中的应用

伴随国家城镇建设步伐的加快,城市土地情况始终呈动态变化,随时随地都在发生权属的转移、用地类型和面积的变迁,而且经济发展越迅猛,用地情况变化越频繁。为解决土地变化与地籍管理落后的矛盾,部分地方在采集地籍调查数据方式上应用RS图像为信息源,内业处理依据计算机技术建立图形与数据库,变更调查管理依据计算机来完成,有效提高了工作的效率。

例如,长春市国土资源局对全市原建成区142.5 km^2 的范围进行了地籍调查,当时没有任何可供利用的基础资料做底图,最后采用航空RS资料作为地籍调查工作基础底图,内业数据全部采用计算机处理方式来完成,其过程为:

(1)利用镶嵌的全市航空影像图进行控制网的布设,调查区域街道、街坊的划分与编号,进行界址点、界址线和建筑物的合法性、用地范围、土地所有者和使用者的实地确认。

(2)地籍勘丈。地籍勘丈时运用航片标注的界址点相关位置实地寻找测定界址点。

(3)内业处理。内业应用城镇地籍调查成图软件进行地籍要素的编辑、修改,生成宗地图、地籍图,汇总出各类土地统计数据。

沈阳市勘察测绘研究院利用航空遥感图像,辅以实地判读,内业利用立体测图仪进行航片的解译,直接量取相关的数据,生成图形与数据文件,使地籍调查工作中的权属调查与地籍测量全部应用遥感图像一次处理完成,获得了令人满意的效果。

GIS技术在地籍测绘中的应用

地籍测绘是我国土地信息进行持续更新的主要方式,是地籍管理工作的基本保障。地籍测绘生产的数据形式多样,内容复杂,采用传统的方式进行管理应用,已经不能满足需求。随着信息化技术的不断发展,GIS技术在数据存储格式多样、动态更新、三维可视化等方面的优势,对地籍测绘产生了深远的影响。基于GIS平台建立地籍信息系统,解决地籍测绘、管理、应用中的问题势在必行。

地籍信息系统主要是利用计算机海量的存储量、飞速的计算速度以及简捷的查询方式来实现对地籍信息的采集输入、加工处理、存储管理、统计分析、辅助决策以及产品输出的技术系统。

一、系统建设的原则

地籍信息系统建设的目的是实现土地管理的科学化、规范化。系统应建立一个以国土资源管理信息为核心的土地资源和资产数据库,实现资源的全局共享,实现土地利用现状变

更信息管理、土地利用规划管理、地籍管理、建设用地管理、耕地保护管理和土地市场管理等工作的信息化,提高土地管理的质量、效率和水平,为国土资源管理提供数据技术和管理支持,为公众提供可公开的国土政务信息查询服务。因此,系统在建设时应遵循以下原则:

(1)实用性。最大可能地满足土地管理的业务要求是本系统建设的根本目标,也是系统设计的基本出发点。实用性要求做到:易于使用、更新简单、便于系统管理数据、升级容易;具有优化的系统结构、完善的数据库系统以及友好的用户界面;达到业务人员能够操作,实现土地管理业务处理的计算机化,逐步提高土地管理的信息化程度。

(2)先进性。为规范业务流程,提高工作效率,拓宽服务领域,系统必须符合现行标准,结构合理、数据严谨、功能齐全、技术先进、操作简单。

(3)一体化。包括:系统建设、架构的一体化,办公自动化、GIS 应用一体化、城乡国土资源管理的一体化、国土资源管理各个业务流程的一体化。

(4)前瞻性。信息技术发展非常快,硬件更新换代迅速,性能价格比不断跃升,因此在系统的设计中要有超前性,必须充分考虑技术的发展趋势,如采用关系数据库管理空间数据、Internet GIS 应用等问题。同时,在硬件配置和系统设计中还需要充分考虑系统的发展和升级,使系统具有较强的扩展能力,处于应用系统技术的领先地位,确保系统能适应现代信息技术的高速发展。

(5)可扩展性。系统必须具有较强的可扩展性和对需求变化的自适应能力,以适应业务管理内容和工作流程变化造成的系统需求的变化。

(6)经济性。系统建设要求在实用的基础上做到最经济、以最小的投入获得最大的效益。在硬件和软件配置、系统开发和数据库建立上都充分考虑投入和经济效益。

二、系统功能结构

由于土地管理部门的业务繁杂,为防止系统过于庞大,避免产生业务的重叠和数据处理存储过程中的混乱,根据用户单位工作特点和需要,可将系统划分为若干模块,如图 10 所示。

三、系统功能

地籍信息系统主要实现以下功能。

(一)数据建库及维护

数据建库是以设计的地籍数据库的结构为参考,按照设计的数据分层、数据编码、字段、常量等信息进行入库,主要包括数据交换格式的装载、数据检查、编辑处理、数据入库等功能。如图 11 所示为数据转换功能的实现。数据维护包括投影、坐标转换、数据输入输出、数据配准等功能。

(二)土地登记业务功能

土地登记业务处理应实现项目受理—地籍调查—审核审批—登记发证过程的流程化管理。在办理过程中,可以进行业务办理的监控、项目资料的查询、图形的编辑与地图的打印以及证表卡的输出。系统内置了初始登记、变更登记、他项权利等常见业务过程,并提供灵活的流程管理工具,用户可以根据需要进行业务的扩展。

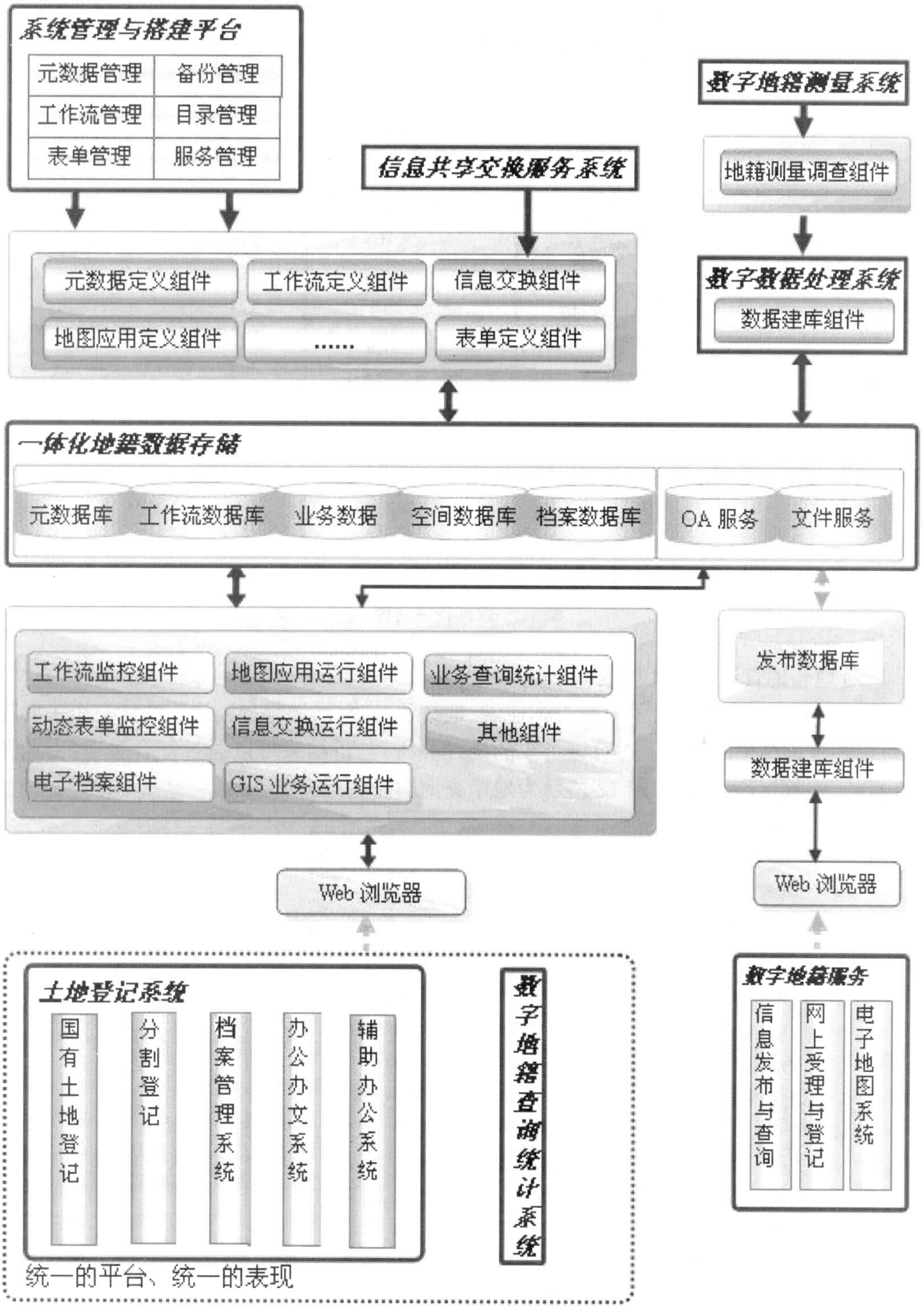

图 10 地籍信息系统功能结构

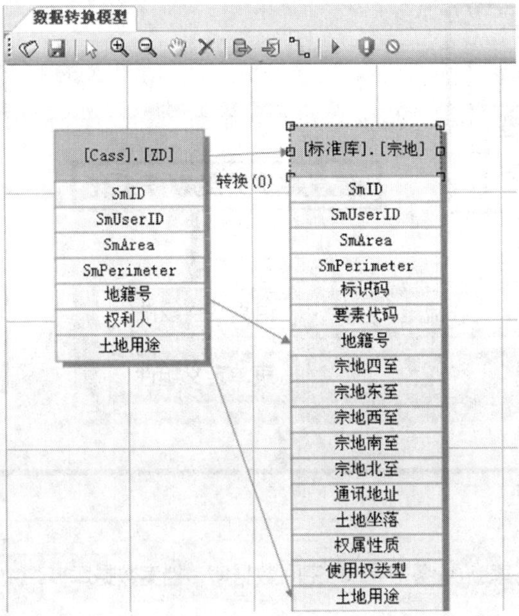

图 11　数据转换功能

(三)地籍的查询与统计功能

地籍业务查询主要包括了地籍查询检索、地籍业务统计、地籍分类面积统计三个主要功能,可以在查询结果的基础上进行进一步的统计分析,分析结果可以通过复合表格、专题图等丰富的形式进行表现。如图 12 所示为地籍查询功能。

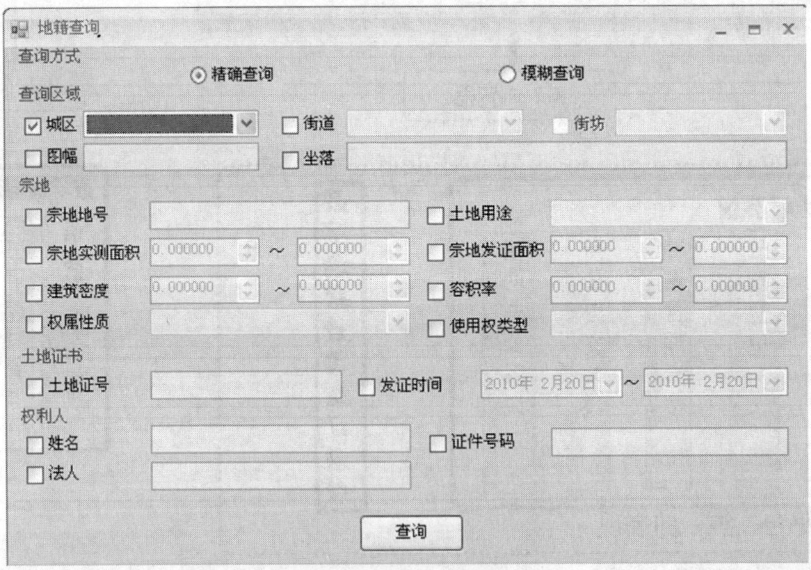

图 12　地籍查询

(四)制图输出功能

制图输出功能提供各种打印模板,根据需要进行各种图件的打印输出,如表、卡、证、册的打印,制图输出(标准分幅地籍图、宗地图等)等。

(五)历史回溯

根据时空数据模型,地籍信息系统可实现单宗地历史回溯功能,可以追溯宗地的变化过程,查询每个变化过程的详细信息;区域历史回溯功能实现区域某一时间点的历史用地状态恢复,可以同时实现多窗口多时间点的对比显示。

(六)元数据管理

能够对矢量元数据、DOM 元数据、DEM 元数据等数据进行管理和维护。

随着我国土地使用制度改革的深入、市场经济体制的进一步完善、城乡经济和建设日趋融合的发展以及对集体土地产权管理的逐步加强,地籍信息系统必将有新的发展。

附录三　地籍测绘技术设计书

地籍测绘技术设计书应以测绘技术设计为基础,并结合地籍测绘工作特点,以其各工作环节技术要求编写而成的技术报告。地籍测绘技术设计书主要包含以下内容。

一、任务概述

说明任务来源、测区范围、行政隶属、测图比例尺、任务量等基本情况。

二、测区自然地理概况

根据需要说明与设计方案或测区有关的自然地理概况,内容可包括测区的地理特征、居民地、道路、水系、植被等要素的主要特征,地形类别以及测区困难类别,经济总体发展水平,土地登记及利用概况等。

三、已有资料分析

说明已有控制成果和图件的形式,采用的测绘基准、比例尺,控制点分布密度、等级,行政区划资料、质量情况评价,利用的可能性和利用方案等;土地利用现状调查资料的现势性和可靠性,土地利用分类、土地权属单元的划分、城镇房产类别、房屋建筑结构分类等标准的制定单位和年代等资料情况和利用方案。

四、技术依据

说明引用的各类标准、规范或其他技术文件。

五、主要技术要求

说明采用的测绘基准、投影方式、成图方法、比例尺、数据精度、格式、基本内容及其他主要技术指标。

六、设计方案

(1)说明采用的各类仪器设备的数量、型号、精度指标及鉴定情况;作业需要的各类软件及其他配置。

(2)说明作业的技术路线与流程。

(3)说明作业方法与技术要求:

①控制测量部分:平面控制网的布设方案,觇标和埋石规格,观测方法及限差要求,新旧点联测方案及控制网的精度估算。

②权属调查部分:采用的调查底图(地形图、航片、影像平面图及其他图件),调查内容和方法,界址线的表示方法和宗地划分、编号等。

③界址点测量:采用的方法及精度要求。

④地籍图绘制：采用的成图方法，仪器设备、精度要求和各项限差；地籍要素和地形要素的表示方法等。

⑤面积统计：采用的方法及汇总要求。

⑥数据库建设：软、硬件设备配置，建库方法及流程，数据库逻辑设计（要素分层、属性值、数据文件命名规则、数据库类型等），数据备份、用户界面形式等。

⑦其他技术要求。

七、质量控制与质量检查

略

八、上交和归档成果

略

九、附录

略

地籍测绘专业技术设计书样例

1. ××××区概况

略

2. 工作目标和内容

2.1　工作目标

略

2.2　工作内容

（1）首级控制测量：收集四等以上高等级控制点资料，布设 GPS 一级控制网，根据测图需要加密二级导线（网）；收集三等以上水准点作为四等水准网的起算点，对首级控制点进行四等水准联测，以满足本测区地形、地籍测绘平面与高程控制的需要。

（2）地形测量：在首级控制的基础上，布设一级界址（图根）导线控制网，按照建设部《城市测量规范》和××省地方标准《1∶500、1∶1 000、1∶2 000 基础数字地形图测绘规范》的要求，进行 1∶500 全要素数字地形测量，并提供完整的地形测绘成果。

（3）权属调查和地籍测量：根据土地登记资料进行土地权属核查，对土地权属核查确定的宗地界址点进行实测，或采用具有同样测量精度的地物点位置确定界址点。查清各宗地的实际用地状况和权属界址，在权属核查的同时，对建筑物的楼层数进行调查，编辑地籍图，生成各类图表。

（4）地类调查：按照《全国土地分类试行分类》、《土地利用现状分类》（GB/T 21010—2007）两套体系对测区范围内的地类进行调查。宗地土地用途以土地登记的用途为准，宗地外范围只划地类块，进行地类调查，不进行权属核查，地类调查在整个调查范围内必须做到全部实现无缝拼接。

（5）专项调查：工业用地、房地产用地、开发园区等专项调查统计。调查各级存量建设用地、登记发证等数据信息，通过汇总分析，掌握工业用地、基础设施用地、金融商业服务用地、房地产用地、开发园区等土地利用现状,形成本行政辖区的地籍调查专题调查汇总成果。

(6)城镇地籍数据库建设:城镇数字地籍调查过程形成的调查成果数据库是数字地籍调查的最终成果,也是地籍管理信息系统的基础数据库,数据库的内容、数据的分层与编码、数据库体系结构等均符合有关规定,并满足××市选择确定的地籍信息管理系统的建库数据要求。

(7)相关成果的整理及输出。

3. 作业技术依据

略

4. 已有资料分析及利用

略

5. 测绘要求及工作流程

结合本项目测区的情况,在控制网满足测区需要的前提下,采用××市原有的 GPS－D 级网最新平差成果,在测区北部平原的范围内统一布设一级网,在测区南部(以丘陵、山地为主的地区)根据实测区域位置再相应布设 GPS 一级网,由于 GPS 一级网的起算点都是在原有统一的四等网内,所以测区内相应布设满足成图需要的 GPS 一级网,平差后数据成果的统一性可以满足要求。再使用 RTK 技术根据实测区域位置测图需要加密二级点和图根(部分不利于 RTK 作业的地区采用光电测距导线)。等级以上点进行四等水准联测。测绘地形图时结合地籍测量的需要,对地物点进行高精度测绘。

本项目将充分利用历史土地管理基础资料,积极采用 GPS、GIS 等新技术和测绘新手段,开展以权属核查和数字地形地籍测量为核心的地籍调查工作,建立高质量的地籍权属数据和空间数据源,为后续地籍管理信息系统做好最基础的数据生产工作。

以下是本项目的基本技术规定。

5.1　坐标系统

平面坐标系:采用 1980 西安坐标系统,中央子午线取东经 120°00′00″,按 3°带高斯－克吕格投影,投影面为参考椭球面(采用国际地理联合会(IGU)第十六届世界大会推荐的椭球参数)。

高程系统:采用 1985 国家高程基准。

5.2　地形、地籍图规格

采用全数字测绘技术,以各等级控制点为基础,开展全要素地形地籍图测绘,完成权属调查后,采用全解析方法补测部分界址点和地籍要素点,绘制地形、地籍图和宗地图。

(1)测图比例尺: 1∶500。

(2)采用 50 cm×50 cm 的正方形分幅,每平方千米等分为 16 幅,实地东西长为 250 m,南北宽为 250 m。

(3)地形图上基本等高距为 0.5 m。

(4)数据格式:地形、地籍图图形文件数据格式采用 mdb、E00、VCT 以及 CAD 软件的 *.dwg 格式,影像文件采用 *.JPEG 格式,电子文档采用 *.DOC 和 *.XLS 格式,或采用××市国土资源局指定使用的其他专业软件数据格式。

(5)软件平台:本次测绘工作的测绘软件采用南方 CASS7.1 软件,或者××市国土资源局指定的其他软件。建库软件由××市国土资源局指定。

(6)图幅编号、图幅命名和图廓整饰。

(7)图形文件存储命名。

5.3　工作流程

略

6　技术方案

6.1　首级控制测量

6.1.1　一级 GPS 测量

本次新布设的一级 GPS 控制网在××市国土资源局已有的 D 级 GPS 控制网基础上进行加密。

6.1.1.1　选点与埋石

略

6.1.1.2　观测

略

6.1.1.3　GPS 基线向量的计算及检核

略

6.1.1.4　GPS 网平差计算

略

6.1.2　二级控制点

(1)考虑到测区的实际情况,所测区块比较分散,测区内植被比较茂盛,测区南部以丘陵为主,地形起伏较大,在已有的四等、一级控制点的基础上,优先采用 RTK 方法进行二级平面控制网测量。拟用徕卡 GX1230 双频 GPS RTK 接收机,该仪器动态时的平面标称精度为 $5\ mm + 0.5 \times 10^{-6} D$,高程标称精度为 $20\ mm + 1 \times 10^{-6} D$。按 1 台基准站、两台流动站配置,基准站选择四等点,流动站与基准站距离不超过 5 km。作业方法和要求按照《××省 GPS - RTK 测量技术规定》(试行)(ZCB 001—2008)执行。主要技术要求如表 1 所示。

表 1　GPS - RTK 平面测量主要技术要求

等级	精度要求	与基准站的距离(km)	观测次数	观测方式
二级	两次观测点位互差≤3 cm 两组观测值的点位互差≤7 cm	≤5	双站各 2 次	双基准站

二级点的编号与命名:以字母ⅡWX 后带 3 位数表示,如“ⅡWX001”,“Ⅱ”表示二级点,“WX”表示××区,“001”是点的序号。

6.1.3　高程控制测量

本次布设一级 GPS 点、二级点(除山头、房顶采用 GPS 拟合高程外)应联测四等水准网。以三等以上水准点作为起算点布设成四等水准网。水准测量的主要技术要求如表 2 所示。

表2 水准测量的主要技术要求

等级	路线长度（km）	视距长度（m）	前后视距差（m）	前后视距累积差（m）	黑红面读数差（mm）	黑红面高差之差（mm）	附合路线闭合差（mm）	视线高度
四等	≤15	≤80	≤5.0	≤10.0	≤3.0	≤5.0	$\leq \pm 20\sqrt{L}$	三丝能读数
等外	≤12	≤100	≤10.0	≤20.0	≤4.0	≤6.0	$\leq \pm 30\sqrt{L}$	三丝能读数

(1)四等水准观测按规范的有关要求执行。水准网起算点不应少于3个点，水准网尽量布设成结点网形。

(2)水准观测采用S3级水准仪观测。在观测作业前，须测定仪器的 i 角，并满足 $i \leq \pm 20''$。

(3)四等水准测量采用电子记录，按规范要求记录水准数据，平差计算采用北京清华山维新技术开发公司的NASEW2003智能图文网平差软件进行严密平差。相关数据及成果由计算机统一输出装订成册。

6.2 图根测量

6.2.1 图根平面控制测量

图根点的布设密度建成区不少于100点/km^2，城市建筑密集区及地形复杂、隐蔽地区应以满足测图需要为原则，并结合具体情况适当加大密度。

图根点标志采用固定标志，可选用诸如铆钉、木桩等材料，并辅以油漆标绘；位于水泥地、沥青地的普通图根点，须打铆钉作其中心标志，并在20 cm×20 cm红漆方框内，标注点号。点的编号按T后加一位表示区域的字母(拟以镇为每一单独区域)，再带3位数来表示，如TA001，T表示图根点，A表示该图根点所属区域，001为序号。图根点编号允许缺号或跳号，不允许重号。

考虑本测区实际情况，所测区块较分散，测区内地形较复杂，拟采用GPS－RTK技术和光电测距导线相结合的方法进行图根控制测量，大面积密集建成区不利于RTK方法的地区采用光电测距导线，其他较分散和面积较小的地方使用RTK方法进行图根控制测量。

考虑后续地形图修补测的需要，每幅图中应有两个固定点(包括高等级控制点)，且其应互相通视。

6.2.1.1 采用GPS－RTK测量图根点

图根点采用GPS－RTK进行测量时，GPS－RTK的最大作业半径为：建筑工业区、山地、高山地小于5 km，平地、丘陵地小于7 km。GPS－RTK基准站至少应连测3个二级导线点以上高级控制点；高级点所组成的平面图形应对相关的RTK流动站点有足够的控制面积，并对GPS基准站坐标系统进行有效检核；进行GPS－RTK测量时，对每个图根控制点均应独立测定2次，在2次测定时应重新对中、置平三角架或对中杆；2次测定图根点坐标的点位互差不应大于±5 cm。

GPS－RTK平面测量主要技术要求应符合《××省GPS－RTK测量技术规定》的规定，见表3。

表 3　GPS RTK 平面测量主要技术要求

等级	精度要求	与基准站的距离（km）	观测次数	观测方式
图根	两次点位互差≤5 cm	≤7	2	单基准站

注：当采用单基准站观测时，必须检测周边已有同等级以上控制点。检测高等级控制点时，其点位互差≤5 cm；检测同等级控制点时，其点位互差≤7 cm。

6.2.1.2　图根导线测量

（1）图根导线宜布设为附合导线或结点导线网。本次测图原则上规定每个作业图块图根控制应布设成多个结点的图根导线网，并作整体平差，以提高其点位精度，保证精度的均匀性。

（2）一级、二级图根点相对于图根起算点的点位中误差不得大于 ±5 cm，测站点相对于邻近图根点的点位中误差不得大于 ±5 cm；图根点高程中误差不得大于 ±5 cm。

（3）为确保地物点的测定精度，图根光电测距导线测量的技术要求见表 4。

表 4　图根光电测距导线测量的技术要求

图根级别	附合导线长度（m）	平均边长（m）	导线全长相对闭合差	方位角闭合差（″）	测角测回数（DJ_2）	测距测回数	测距一测回读数次数	测距中误差（mm）
一级	1 500	120	≤1/6 000	$\leq \pm 24\sqrt{n}$	1	1	2	±15
二级	1 000	100	≤1/5 000	$\leq \pm 40\sqrt{n}$	1	1	2	±15

注：1. n 为测站数。

2. 一级图根导线，当导线长度≤780 m 时，其绝对闭合差限差为 ±13 cm。

3. 一级图根导线的总长和平均边长可放宽至 1.5 倍，但其绝对闭合差应≤ ±26 cm。

（4）在个别困难地区可布设图根支导线。支导线总边数不多于 1 条，长度不超过 80 m。距离、角度观测一测回。

（5）图根导线平差计算采用北京清华山维新技术开发公司的 NASEW96 工程测量控制网微机平差系统进行严密平差，并提交所有计算过程资料和成果资料。

6.2.2　图根高程控制测量

图根高程测量采用图根水准，或用图根三角高程代替图根水准，GPS RTK 测量图根点时，可直接利用 GPS – RTK 高程成果。

6.2.3　图根水准测量

（1）图根水准测量应起闭于不低于四等水准的控制点上。水准路线宜沿图根点布设为附合路线、闭合环或结点网；对起闭于一个水准点的闭合环，必须先检测该点高程的正确性。高级点间附合路线或闭合环线长度不得大于 8 km，结点间路线长度不得大于 6 km，按中丝读数法红黑面各一次读数估读至毫米，距离读至米。仪器至标尺的距离不宜超过 100 m，前后视距宜相等。

（2）路线闭合差不得超过 $\pm 40\sqrt{L}$（mm）（L 为路线长度，km）。

(3)图根控制外业数据采集记录使用手簿方式记录,并提交图根控制记录资料。

(4)图根高程控制平差计算采用北京清华山维新技术开发公司的 NASEW96 工程测量控制网微机平差系统进行严密平差,并提交所有计算过程资料和成果资料。

6.3 基础地形测量

6.3.1 细部测量

细部点采用内外业一体化测量,坐标采用不低于 6″级全站仪进行极坐标法测量,观测困难时也可采用量距法与交会法,高程采用三角高程,棱镜全部使用迷你小棱镜。设站时,仪器必须对中整平,仪器高、棱镜高应量至毫米,观测前应定向,并以另一已知点作检查,相邻测站间,应有 1 ~3 个重合碎部点作检查,当平面、高程较差均符合要求时方可进行数据采集。本站采集完成后,要再对已知点进行检查,确保所采集数据的正确性,如出现超限,整站均要重测。

采集的坐标数据以文件的形式存放在全站仪的内存中,当天观测完成后,应及时将采集数据传输到电脑中,尽快进行编辑,并及时进行原始数据的备份,谨防数据丢失。每个小组每天的原始坐标数据以日期为文件名保存,不得对原始坐标数据进行编辑和删除。

6.3.2 地形要素测量要求

6.3.2.1 采用全站仪采集作业模式

所有作业小组必须采用统一的系统配置文件、图幅分层方案。作业分为野外测碎部点加草图,室内按标准进行编绘作业。

地籍要素(行政界线、界址点、地类界线、道路、街道、建筑物、围墙、栅栏等)应按照界址点的精度要求进行高精度测绘,以满足地籍图精度为准。其他与地籍要素不相关的次要地物点、地形、地貌等要素按 × ×省地方标准《1∶500、1 000、1∶2 000 基础数字地形图测绘规范》(DB33/T 552—2005)精度来执行。地形测图基本表示方法按《城市测量规范》与《1∶500、1∶1 000、1∶2 000 地形图图式》执行。

6.3.2.2 数字测图注意事项

略

6.3.3 文字注记

文字注记采用 True Type 字体。

6.4 权属核(调)查、地籍测量

权属调查是土地管理的基础性工作,是地籍调查的核心。本项目要对测区调查范围内所有已发证的宗地实地进行权属核查,核查的内容主要包括土地权属状况、利用状况调查和界址位置等,目的是核查清楚每宗(块)土地的位置、权属、界线、数量、四至关系、用途、土地级别及其地上建筑物、附着物等基本情况。

6.4.1 权属核(调)查

土地权属调查是一项综合性的系统工程,政策性、法律性强,涉及面广,技术要求高。权属调查工作应按照土地规范化登记的要求,本着维护社会主义公有制,保护土地所有者、使用者的合法权益的宗旨而展开,做到公平、公正、公开。

6.4.1.1 街道界线、街坊界线的调查划分

街道界线以行政界线为主,界线一般以道路中心、河流中心为界进行划分。街坊界线是在街道内划分的更小的范围。

6.4.1.2　地籍宗地号编制方法

（1）此次权属调查后，宗地编号仍使用原来的编号，新增加宗地的编号在原有宗地编号中补缺，不够时在原有宗地编号的基础上增编。

（2）界址点编号、标记：界址点编号分为在宗地内独立编号及入库编号，两者有一一对应关系。作业编号对于同一宗地内界址点，以宗地左上角界址点开始，顺时针从该宗地的起始点号递增编号，如 J1、J2、J3、J4。

6.4.1.3　宗地核（调）查方法

略

6.4.1.4　权属核（调）查的主要内容

权属调查应保证地籍资料的现势性、系统性、可靠性、精确性、概括性与完整性。权属调查应遵循多用途的原则，调查的主要内容有：

（1）行政区线、街坊（村）线的调查。

（2）对宗地权利人的调查。

（3）对土地所有权、土地使用权合法性的调查。

（4）对土地位置的调查：坐落、宗地四至、所在区街道、门牌号的调查，对界址点及性质类型的调查。

（5）对土地界址、土地用途、权利人所在单位性质、权属性质、使用权类型等的调查。

（6）对土地获得方式、取得时间及土地使用年限的调查等。

（7）调查宗地建筑占地面积，建筑物用途、结构、层数等。

6.4.1.5　权属调查应注意的内容

略

6.4.2　地籍图基本规格

6.4.2.1　图式

基础地形按国标《1:500、1:1 000、1:2 000 地形图图式》及图式补充规定整饰。

6.4.2.2　地籍要素数据存储方式及文件命名规则

地籍要素数据以街坊为单位，采用文件的方式存储，一个文件对应一个街坊的地籍要素数据。文件名命名则采用统一规则，按街坊序号为文件名存放。

6.4.2.3　地籍图表示内容

地籍图表示的内容主要突显如下地籍要素：

（1）界址点、界址线；

（2）宗地及其编号；

（3）土地利用类别；

（4）永久性建筑物、构筑物；

（5）行政区域界、街道界、街坊界；

（6）平面控制点；

（7）面积、地理名称、重要单位名称；

（8）道路和水域。

6.4.3　地籍要素测量

6.4.3.1　界址点测量

对原有已发证的界址点成果具体情况具体分析，成果入库时以国土部门最终界定的为准。对图上有点位的界址点不需要进行界址点测量，对图上没有点位的界址点进行界址点测量。

6.4.3.2　技术方法

采用全站仪极坐标法等测定，当遇短边相邻界址点时，应从同一条导线上的控制点发展测定。

6.4.4　权属核（调）查和地籍测量的衔接

在地形图的基础上，根据权属调查过的资料，编辑界址线，构建宗地属性面，输入使用人、宗地号、地类、四至等宗地属性数据，连接宗地属性库内对应的宗地属性（原有的登记卡、权源证明等），根据《××省地籍图图式》要求，自动生成有界址线、宗地号、地类、面积等信息的地籍图，生成有界址线、界址点号、宗地号、地类、面积、四至等信息的宗地图。

6.5　地类调查

按国土资源部 2001 年《全国土地分类试行分类》和《土地利用现状分类》（GB/T 21010—2007）两套体系分别对测区范围内的地类进行调查。宗地用途发证的日常登记应与规定的标准相衔接，宗地外范围只划地类块，进行地类调查，不进行权属调查，在调查范围内，必须实现无缝拼接。区分宗地内和宗地外进行地类调查，对每宗地用途按新地类三级调查，每个宗地的地类按主要地类进行分类。对新老地类对照有异议的由国土部门来定。宗地以外地块的地类必须调查清楚，明确其类别，并且满足部分要求。

6.6　地籍调查数据库的建立

城镇地籍调查数据库是指在地籍调查过程中形成的调查成果数据，是数字地籍调查的最终成果，也是地籍管理信息系统的基础数据库。数据库内容、数据的分层与编码、库体结构等均应符合有关规定。

在本项目地籍数据库的建立过程中，考虑到国土部门日常工作的需要，××市国土资源局原来的数据库在本项目新数据库建立的过程中不能停止运转，两个数据库的内容有一个时间上的差异，最终要统一到一个数据库中，两个数据库具体的整合时间由××市国土资源局确定。

7. 质量保证措施

略

8. 管理机构职责、人员安排、仪器设备、工作计划

略

9. 提交成果

9.1　基础控制测量资料与成果

略

9.2　地形图与地籍图测量资料和成果

略

9.3　有关文本文件

略

9.4　附图：测区 GPS 一级控制网布设图

略

附录四　地籍测绘技术总结的内容及要求

地籍测绘技术总结应以测绘技术总结为基础，结合地籍测绘工作特点，以其各工作环节技术执行情况编写而成的技术报告。主要包含以下内容：

1. 地籍测绘（调查）的技术路线及技术路线制定依据（主要依据、参考依据等）。

2. 地籍测绘（调查）采用的资料来源、类别、参数、采集时间、质量状况评价等。

3. 权属调查的实施。

主要内容包括：权属调查的实施方案及技术路线；调查内容、工作准备、界址确认（确权依据、方法、过程）、界标设置方法；界址边长及关系距离的丈量方法；宗地草图的绘制方法；地籍调查表的填写要求；权属争议调处、存在的问题及解决办法，土地利用分类调查；土地利用情况调查的依据、内容和方法等。

4. 地籍控制测量部分。

地籍控制测量部分主要包括坐标系统和高程基准选择与确定（包括投影带、投影面的选择）、已有控制点情况（等级、数量、施测时间、精度分析、标志状况、点之记及分布情况等）、采用的仪器设备及检校情况、控制网设计与施测（首级控制、加密控制、图根控制网的布设、施测方法、技术要求、精度、密度、埋石情况等）、数据处理和平差程序与方法、精度评定与分析统计等。

5. 地籍细部测量部分。

界址点测量包括：界址点点位确定、等级选择；标志设置及编号方法；采用的仪器设备；界址点测定方法；精度指标及精度评定；质量检查与精度统计等。

地籍图测绘包括：

（1）地籍图分幅与编号、比例尺。

（2）图件类型：数字地籍图、数字地籍正射影像图、土地利用情况图、宗地图。

（3）成图方法（航空摄影测量法、野外数字测量法、解析法、部分解析法）：成图过程、成图方法的选取与精度指标、地物要素取舍要求，地籍图精度评定与分析；土地利用情况图编绘；宗地图制作等；制作地籍图的方法、内容的取舍标准、图的分幅与编号等；宗地图制作方法等。

（4）当采用航空摄影测量法时，须增加航空摄影方式、航摄仪类型和参数、摄影比例尺或图像分辨率、航空摄影各项质量标准、像控点联测、界址点坐标测量方法与精度、内业编绘地籍图的过程、方法、精度要求等说明。

（5）新技术运用及技术创新。

6. 面积量算与汇总统计。

面积量算与汇总统计主要包括面积量算方法、面积统计结果，街道、街坊、宗地分地类面积汇总和行政辖区面积汇总及不符值的分配方法。

7. 数据库建设部分。

数据库建设部分主要包括技术依据、技术路线、方法、建库标准；硬件及软件环境；数据库结构及数据分层的原则；数据文件名命名规则；建库程序及要求；数据库功能及应用；管理与维护等内容。

8. 评价与结论。

检查验收情况及结论；经验与建议等。

9. 附录。

针对以上问题的附图、附表。

××县城镇地籍调查技术总结

一、地理概况

××县东经114°14′~114°46′，北纬34°53′~35°14′。东临××县，南隔黄河与××市相望，西靠××县，北接××县。县境南北长38.2 km，东西宽48.7 km，面积1 220.5 km^2，耕地面积92.6万亩。辖6个镇13个乡，60个村民委员会，627个自然村，69.39万人。除汉族外，有回、满、朝鲜、蒙古、苗族等，其中回族人口占总人口的2%。

××县地处黄河的故道，地貌复杂，沙岗、平原、洼地兼有，黄河大堤以南滩地较高，其余地势低洼。地势由西南向东北倾斜。海拔65~72.5 m。黄河从县南和县东流过。最枯水位与堤背地面高差达3 m左右，引黄灌溉非常便利。过境渠有天然渠、文岩渠，地质构造古老而复杂，长期以来地壳的不断运动和变化，形成了境内地下矿藏资源。20世纪60年代以来，根据地质勘测，××县北和东部大部分地下是中原油田一部分，石油储量比较丰富，正待有计划地进行开发。

黄河大堤以南高滩多旱地，以北沿堤附近低洼，县城北文岩渠一带低洼易涝，县东部天然渠南岸和黄陵一带有沙丘起伏。主要河流：黄河境内长60 km，天然渠境内长46 km，文岩渠境内长40 km。年平均气温13.9 ℃，年平均降水量626 mm，全年无霜期214 d。

××年国内生产总值124 575万元，人均国内生产总值1 795元。现有耕地92.48万亩，粮食作物以小麦、玉米、大豆为主，经济作物有麻类、糖料、烟叶、药材，森林覆盖率为11%。

境内公路总里程302 km，公路密度每百平方千米24.7 km。省道3条，全长80 km；县乡道全长205 km；乡公路晴雨畅通，行政村全通汽车。北边有新菏铁路4 km，并设有××火车站。境内黄河通航，航道总长62 km。

全县拥有商业、饮食、服务网点和机构3 700多个，各类贸易市场32个，其中较大规模的城乡通开的专业化市场4个，形成了全国有名的皮毛集散地。档次较高的宾馆、酒店数十家，接待设备齐全，服务优良。年社会消费品零售总额达38 960万元。对外经济贸易和对外经济技术合作正向多形式、多渠道、全方位方向发展。

二、任务概述

为了适应现代社会经济快速发展，科学有效地管理地籍，通过此次调查，建立城镇地籍信息系统，改变过去人工管理的老模式，为土地权属登记、发证、统计、定级估价及利用管理提供技术依据。城镇地籍调查的任务是在全县的城区内全面进行权属调查或核查，开展土地利用情况调查，测定界址点、测绘地籍图；建立地籍调查数据库及管理系统，实现地籍基础数据的信息化管理，权属调查是现场调查核实每一宗地的位置、权属、界址、地类、数量等基本情况；土地利用情况调查是查清城镇内存量建设用地、各行业用地、闲置土地、空闲土地、低效使用土地、批而未供土地、供而未用土地等土地状况。地籍测量是测量每宗土地的界址点、界址线、位置、形状、计算面积、测绘地籍图和宗地图。

本次调查范围为城区 15 km^2 及××镇、××镇、××镇、××镇和××镇约 5 km^2，总计 20 km^2。

三、技术路线

按照城镇地籍调查以及有关的技术标准和规范，在权属调查和土地利用情况调查的基础上，参考原有的地籍调查资料，利用 GPS 和全站仪采用全野外数字测量的方法测绘符合要求的 1∶500 城镇地籍图，获取全区城镇每一宗土地类型、权属、界址、面积、位置及利用和分布信息，为建立“省、市、县”三级数据库及网络化管理系统打好基础。

四、作业依据

(1)《地籍调查规程》(TD/T 1001—2012)。

(2)《第二次全国土地调查技术规程》(TD/T 1014—2007)。

(3)《河南省城镇地籍更新调查技术规程》(豫国土资发[2006]153 号)。

(4)《城市测量规范》(CJJ/T 8—2011)。

(5)《全球定位系统(GPS)测量规范》(GB/T 18314—2009)。

(6)《土地利用现状分类》(GB/T 21010—2007)。

(7)《国民经济行业分类》(GB/T 4754—2011)。

(8)《××县城镇地籍调查技术设计书》。

(9)《河南省城镇地籍更新调查成果检查验收办法》(豫国土资发[2006]48 号)。

(10)市、区(县)文件及补充要求。

(11)《1∶500、1∶1 000、1∶2 000 地形图图式》(GB/T 7929—2007)。

五、权属调查情况

(一)街道、街坊、宗地划分

在调查中经国土资源局同意，将城区(城关镇)划为一个街道，依据道路、河流、渠等主要线状地物划分 26 个街坊，以国土资源局提供的 1∶1 000 地形图为调查工作底图，依据技术设计书的要求、原则，划分宗地。

(二)宣传通知

在县国土资源局的组织下，张贴了大量的政府通告，还通过电台、广播广泛宣传，同时组织调查作业员挨家挨户发放指界通知书，进行告知，为权属调查打下了基础。

(三)实地调查

依据《地籍调查规程》(TD/T 1001—2012)规定，调查员现场约请各方指界人指界，确定界址，在各方认可的情况下，按照《地籍调查规程》(TD/T 1001—2012)要求进行了外业勘丈、草图绘制、填写调查表(具体要求参见技术设计书)，并进行了签字盖章，明确各方权益。

(四)调查中存在的问题

在调查中,由于历史原因,一些地方常年积累的矛盾、干群关系导致不配合的情况,签字率不高;还有临街房、门面房几经转手,找不到或联系不到户主;开发商开发的商品房,无人居住联系不到业主等情况,造成无法签字。另外,还有大量拒不签字的,不配合、拒绝调查的,依据《地籍调查规程》(TD/T 1001—2012)要求,视为违约缺席,并下发违约缺席通知书,报县第二次土地调查办公室处理。

六、坐标系统的确定

县城测区内有县国土资源局提供的 30 个 E 级 GPS 点,为 1980 西安坐标系成果,采用中央子午线 114°3′分带,作为测区首级控制起算点使用。乡镇区有县国土资源局测绘队提供的 1980 西安坐标系一级 GPS 点 60 个,作为乡镇范围起算点。

高程系统以××县提供的四等水准点(成果为 1985 国家高程基准)为起算点,选用 1985 国家高程基准。

七、平面控制测量

(一)首级控制测量

首级控制测量采用经鉴定合格的中海达 HD8200E(5 台套)快速静态测量,以 30 个 E 级 GPS 点为起算点,布设由 138 个待定点组成的一级 GPS 控制网。

首级控制 GPS 网点位选择良好,视野开阔,点位上空无障碍物,保证了良好的信号接收。标石埋设稳固牢靠,上下标石标志在同一条垂线上,偏差均在 2 mm 以内,外业观测符合《地籍调查规程》(TD/T 1001—2012)要求。

数据处理采用中海达随机处理软件 HDS2003 数据处理软件包,GPS 网共施测等外点 138 个,平均边长 0.2 km,全网共 135 个同步环,环线坐标增量闭合差最大为 9.26 mm,均小于限差要求,相对精度最大为 3.80×10^{-6} mm。由若干个最小独立观测边组成的闭合环为异步环,全网共 108 个异步环,环线坐标增量闭合差最大为 2.87 cm,均小于限差要求,相对精度最大为 15.0×10^{-6} mm。全网中共有重复观测边 83 条,最大互差为 1.6 cm,均小于限差要求。二维平差结果:点位中误差最大为 0.01 cm, 最弱边距离相对精度 1/26 000,均小于限差要求。仪器的性能比较稳定,外业观测精度较高,能满足加密控制的需要。

高程控制测量在城区四等水准点上按等外水准要求实测,共布设 13 条水准路线。最大闭合差为 ±41 mm,最小闭合差为 ±1 mm,均小于限差要求。

(二)图根控制测量

图根控制测量采用拓普康 102N(2″)布设一、二级图根导线。

本测区内共布设图根点 2 137 点,点的密度为每平方千米 106 点。

(1)图根点以 E 级、一级 GPS 点为基础进行加密。一般以图根附合导线和导线网的形式进行布设,不超过两次附合。

(2)图根点密度以满足界址点施测、地形测图需要为原则,根据建筑物密集程度、地形复杂程度以及界址点分布情况,加大了图根点密度。

(3)图根点一般设置临时标志,土质地面打入了 20 cm 长木桩,木桩上钉上小钉,铺装路面上的图根点打入 15 cm 长的钢筋或打"+"字,刻方框,红漆涂描。相邻埋石点之间互相通视。

(4)图根导线主要技术要求如表1所示。

表1　图根导线主要技术要求

等级	导线长度(km)	平均边长(m)	测回差(″)	测回数		方位角闭合差(″)	导线全长相对闭合差	坐标闭合差(m)
				J_2	J_6			
一级	1.2	120	18	1	2	$\pm 24\sqrt{n}$	1/5 000	0.22
二级	0.7	70	—	1	1	$\pm 40\sqrt{n}$	1/3 000	0.22

注:1. 导线总长度少于500 m时,相对闭合差分别降为1/3 000和1/2 000,但坐标闭合差不变。

2. 导线网中结点与高级点间或结点与结点间的导线长度不应大于附合导线规定长度的0.7倍。

(5)图根导线采用标称精度$\pm(3+2\times10^{-6}D)$mm、测角精度2″的GTS－102N全站仪,采用斜距和垂直角模式进行测量。水平角按测回法观测,各项限差依《地籍调查规程》(TD/T 1001—2012)表4执行;距离归算进行了加常数、乘常数、气象改正和倾斜改正,距离归化至高斯投影面上。

①距离测量采用全站仪测距一测回四次读数,各次读数较差均小于10 mm,气象数据采用时间段平均值。

②测边时均加入了加常数、乘常数、倾斜改正,当气象改正数大于边长的1/10 000时加入了气象改正。

③边长的水平距离按近似公式计算:$D=S\cos\alpha$。

④垂直角施测一测回。

⑤采用全站仪施测,各项改正直接置入仪器自动完成。

⑥图根导线的记录采用清华山维ELER电子记录手簿,平面坐标计算采用清华山维智能图文网平差软件在微机上进行。

(6)图根点的编号以英文字母"T"开头,后缀自然数顺序排列,图根点编号在实地用红漆书写,用箭头指示方位,一般没有空号和跳号。图根导线图根点密度均匀,通视良好,能满足测图及测量界址点的要求。图根导线平均边长为61.1 m;导线点点位中误差最大为3.7 cm,最小为1.72 cm;方位角闭合差均不超过限差,导线全长相对闭合差最大为1/4 800,最小为1/18 000。图根点密度大,分布均匀,观测精度良好。

八、界址点测量

(一)界址点设置

实地调查每宗地每个界址点的实际位置,设界址点标志,并绘制宗地草图。实地界址点编号是在各宗地调查清楚确定后以街坊为单位统一进行编号。

(二)界址点测量

界址点的测定采用全站仪进行实测,在图根点上设站;隐蔽的界址点采用支站方法进行测绘,支站不超过3次。界址点按宗地为单位打印界址点成果表。界址点精度指标及使用范围均符合规定。

九、地籍图测绘

(一)地籍图测绘内容

地籍图测绘内容主要包括数学基础、地籍要素、地物要素和有关的土地利用要素等。

数学基础包括平面坐标系、高程基准、内外图廓线、坐标格网及注记、比例尺、图幅编号与注记等。

地籍要素包括各级行政界线(省界、市界、县(市、区)界、乡(镇)界、街道界,当各级行政界线重合时,只表示高级界线)、权属界线(宗地界址点、界址线、地籍街坊界线(村街坊)、城乡结合部国有土地使用权界和集体土地所有权界)、地籍号(街道(乡、镇)号、街坊(村)号、宗地号)、地类、宗地坐落、土地使用者或所有者、宗地面积、行业代码等。

地物要素包括建筑物(表示层数和结构)、构筑物、道路、水系、花坛、绿地、立交桥及其他永久性建筑物、构筑物等,具体技术要求如下所述。

(1)建筑物、构筑物:

①建筑物面积小于6 m^2 的可不表示。

②固定的永久性建筑物要测绘其占地状况,在建筑物右上角用分数形式标注层次和结构,如12/2,分子为层数,分母为建筑结构代号,建筑结构代码见表2,同一栋建筑物层次不同的应分别标注。层高低于2.20 m的不作为一层。

表2　房屋建筑结构分类及其代号

结构分类	钢结构	钢和钢筋混凝土	钢筋混凝土	混合结构	砖木结构	其他结构
缩写 代号	钢 1	钢钢 2	钢混 3	混合 4	砖木 5	其他 6

③建筑物墙外砖柱等小于50 cm×50 cm装饰性细部不表示。

④占地面积大于6 m^2的构筑物和宽度大于等于0.5 m、长度大于等于50 m的线状构筑物应表示。

⑤室外扶梯、楼梯等应包括在建筑物范围内,不落地的可舍去。

⑥不落地的阳台、雨篷等不表示。

⑦非永久性建筑物、构筑物不表示。

⑧城墙及垣栅应表示。

(2)道路:

①道路以两旁宗地界址线为界,道牙石线是界址线的要表示,不是界址线的酌情表示。

②道路中间、两旁的小绿地、小花池、花坛、行树可不表示。

③道路附属物、里程碑、筑路牌不表示。

④桥梁(立交桥)、大型涵洞、隧道用相应符号表示,且须符合投影原理。

⑤地下道路、架空道路用相应符号表示。

⑥郊区道路若有确切的界址线,必须在图上标明,并表示出路肩线。

(3)水系:

①河流、湖泊、坑塘等水域以堤、岸为界绘出，有界址线的标明界址线和界址点。

②以河流中线为界址线时，按实际河流中心标绘，当河道变迁时，界址线随之变迁。

③地下河流、地下排水沟不表示。

(4)地貌：

①地籍图上不用等高线表示地貌。

②大面积农用地适当注记散点高程。

(5)土壤植被：

①公园及各宗地外大面积绿化地、街心花园、城乡结合部的农田、园地等用土壤、植被符号表示。

②宗地内的绿地、花坛、零星植被可不表示。

(6)注记：

除地籍要素应注记外，还应注记河流名称、地名、有特色的地物名称等。

(7)其他：

①一般电力线不表示，但 110 kV 以上高压线及塔位应表示。

②通信线、架空管线、电杆、路灯、消防栓、窨井等一般不表示，但与土地他项权利有关时应表示。

③地下室一般不表示，但与土地他项权利有关的大面积地下商场、地下停车场等应表示。

④宗地内部的次要道路、水塔、花坛、纪念碑及与权属界址无关的围墙可不表示，危险品仓库、保密车间应注记。

⑤农贸市场内的摊位、临时售货棚不表示。

(8)土地利用情况：

闲置土地、空闲土地、低效使用土地、批而未用土地、供而未用土地按宗地调查，需要表示时，可分别用 x、k、d、p、g 字母在图上标注在地类编码之后。

(二)地籍图的分幅与编号

地籍图统一采用 50 cm×50 cm 正方形分幅，1∶500 图幅编号按图幅的西南角坐标公里数 X、Y，均取××.00、××.25、××.50、××.75 的规则分幅，图幅号用图廓西南坐标公里为单位，取到小数点后两位(取至整 10 m)，X 在前，Y 在后，中间用短线连接，如 08.25—24.00；1∶1 000 地籍图按××.0、××.5 的规则编号。图名用图内最大用地单位全称，当无单位名可取用时，可用与邻幅单位相关位置作为图名，如“面厂北”。

(三)地籍图的成图方法

在县城及乡镇调查区以全野外数字法测绘地籍图，以已知控制点为依据，利用全站仪或 GPS 实地采集界址点、地物点及其他有关数据，现场绘制草图，利用计算机成图软件，采用 CASS8.0 软件室内编辑图形，编辑 dwg 格式的 CASS 图形文件，由坐标数据文件和编码文件生成图形信息数据文件，生成数字地籍图，并将数字地籍图以数据形式存储在计算机介质上，通过绘图仪绘出所需比例尺的地籍图。

十、完成的主要工作量

凡建成区内的党政机关、团体、事业单位、全民和集体所有制企业及城镇居民、城市公共设施用地,乡村办企事业单位及公共设施,农业户口居民使用国有和集体的土地,均在此次调查的范围,调查面积大约为20 km^2。在城区共划分26个街坊,调查宗地13 331宗。

(一)城镇地籍权属调查成果

26个街坊的权属调查是现场核实每宗土地的位置、权属、界址、地类、数量等基本情况,只有少数的宗地有争议,位置、权属、界址等尚未确定。

(二)控制测量成果

(1)首级GPS点:213点。

(2)图根导线点:2 137点。

(3)分幅地籍图:417幅。

(4)测图面积:20 km^2。

(5)街道、街坊数:共6个街道、26个街坊。

(6)地籍权属调查:13 331宗。

十一、经验与体会

略

参 考 文 献

[1] 陆红生,王秀兰. 土地管理学[M]. 北京:中国经济出版社,2000.
[2] 詹长根,唐祥云,刘丽. 地籍测量学[M]. 武汉:武汉大学出版社,2011.
[3] 刘胜华,刘家彬. 土地管理概论[M]. 武汉:武汉大学出版社,2005.
[4] 杜海平,詹长根,等. 现代地籍理论与实践[M]. 深圳:海天出版社,1999.
[5] 中华人民共和国国土资源部. TD/T 1001—2012 地籍调查规程[S]. 北京:测绘出版社,2012.
[6] 国家测绘局. CH 5002—94 地籍测绘规范[S]. 北京:测绘出版社,1995.
[7] 国家测绘局. H5003—94 地籍图图式[S]. 北京:测绘出版社,1995.
[8] 中华人民共和国国家质量监督检验检疫总局,中国国家标准化委员会. GB/T 18314—2009 全球定位系统(GPS)测量规范[S]. 北京:测绘出版社,2009.
[9] 中华人民共和国国家质量监督检验检疫总局,中国国家标准化委员会. GB/T 21010—2007 土地利用现状分类[S]. 北京:中国标准出版社,2007.
[10] 章书寿,孙在宏. 地籍测量学[M]. 南京:河海大学出版社,2008.
[11] 中华人民共和国住房和城乡建设部. CJJ/T 8—2011 城市测量规范[S]. 北京:中国建筑工业出版社,2012.
[12] 中华人民共和国国土资源部. TD/T 1014—2007 第二次全国土地调查技术规程[S]. 北京:中国标准出版社,2007.